地域性天然浮石混凝土
孔结构特征研究

王萧萧　朱金才　著

中国建材工业出版社

图书在版编目（CIP）数据

地域性天然浮石混凝土孔结构特征研究/王萧萧，
朱金才著. --北京：中国建材工业出版社，2023.5
ISBN 978-7-5160-3327-2

Ⅰ.①地… Ⅱ.①王… ②朱… Ⅲ.①浮岩－建筑材
料－多孔性材料－研究 Ⅳ.①TU521

中国版本图书馆 CIP 数据核字（2021）第 209319 号

地域性天然浮石混凝土孔结构特征研究
DIYUXING TIANRAN FUSHI HUNNINGTU KONGJIEGOU TEZHENG YANJIU
王萧萧 朱金才 著

出版发行：中国建材工业出版社
地 址：北京市海淀区三里河路 11 号
邮 编：100831
经 销：全国各地新华书店
印 刷：北京雁林吉兆印刷有限公司
开 本：787mm×1092mm 1/16
印 张：9
字 数：210 千字
版 次：2023 年 5 月第 1 版
印 次：2023 年 5 月第 1 次
定 价：45.00 元

前　　言

天然浮石是一种多孔、轻质的玻璃质火山喷出岩，是理想的天然、绿色、环保材料。将浮石作为粗骨料、粉煤灰固废替代部分水泥，制备出新型轻质节能严寒区材料——天然浮石混凝土，减少砂石及水泥用量，既可节约资源、降低混凝土的成本，又可减少对环境的污染。作者所在研究团队近年来得到国家自然科学基金项目"严寒区天然浮石混凝土服役期内孔结构动态演变规律的研究"（No. 51609119）、内蒙古自治区自然科学基金项目"基于寒旱区冻融环境下天然浮石混凝土孔结构动态损伤机理的研究"（No. 2016BS0503）、内蒙古自治区科技成果转化专项资金项目"生态型水泥基复合材料高韧化与结构耐久性能提升关键技术研发及产业化"（No. 2019CG072）、内蒙古自治区高等学校"青年科技英才计划"（No. NJYT-18-B24）、内蒙古自治区"草原英才"工程青年创新创业人才项目和内蒙古自治区草原英才产业创新团队"新型土木工程耐久性材料研究与实践创新人才团队"项目的资助，依托内蒙古自治区土木工程结构与力学重点实验室，针对不同服役环境，系统地研究天然浮石混凝土孔结构动态变化。本书是对部分研究成果的总结。

本书共分 11 章，主要内容包括：绪论；天然浮石混凝土发育阶段孔结构时变规律研究；天然浮石混凝土冻融损伤研究；冻融循环作用下天然浮石混凝土孔结构动态演变规律研究；低温下饱水浮石骨料孔结构动态变化规律研究；低温下饱水天然浮石混凝土孔结构动态变化规律研究；冻土区天然浮石混凝土孔隙结冰规律研究；冻土区天然浮石混凝土孔隙冻胀应力研究；冻土区天然浮石混凝土抗压强度试验研究；冰凌期天然浮石混凝土磨损规律研究；冰凌期天然浮石混凝土磨损特征及退化机理研究。

本书内容是基于课题组成员共同完成的研究成果整理形成的。课题组成员在课题研究过程中做了大量的工作，付出了辛勤的劳动，本书的出版是他们智慧与汗水的结晶。参加研究工作的有：李恒、姜琳、刘畅、杨桌群、景卫泽、董宇飞，主要完成了材料准备、试件制作、试验测试和数据分析等相关工作。整个研究工作得到了内蒙古工业大学矿业学院刘曙光教授和闫长旺教授、内蒙古农业大学申向东教授的帮助和支持。

本书由王萧萧、朱金才合著，全书共有 21 万字，王萧萧撰写其中 14.5 万字，朱金才撰写其中 6.5 万字。

鉴于作者水平有限，许多问题仍在研究与探索阶段，书中难免有不足和错误，恳请专家和读者提出宝贵意见，在此致以谢意！

著　者

目　录

1　绪　　论

1.1　研究背景和研究意义

1.1.1　研究背景

我国东北、华北和中西部地区属于寒冷或严寒地区，同时这些地区往往又属于缺水或严重缺水地带。近十多年，伴随我国对西部大开发力度的进一步深入，尤其针对内蒙古地区，为了加强内蒙古地区经济建设与农业的快速发展，水利工程建设迅猛发展，水利设施得以逐步的完善。近半个世纪以来，内蒙古地区的水利建设颇有成效，形成了防洪、排涝、灌溉、供水、发电等全方面水利工程体系。"十三五"期间，内蒙古地区实施了12项节水供水重大水利工程，且支持了引调提水工程680处，对56座大中型水库和3883座小型水库进行除险加固；开展中小河流治理项目2484个，治理河长1.7万km；安排实施258条重点山洪沟防洪治理，水利投入约1200亿元。这些水利工程在防洪、灌溉、排涝、供水、发电、保护水土资源和改善生态环境等诸多方面发挥了不可磨灭的重要作用[1]。

内蒙古地区处于严寒气候地带，由于使用环境和使用年限的影响，水闸、桥涵、大坝等水利工程出现了不同程度的损伤破坏（图1-1）。其中，冻害是造成水工建筑物混凝土结构破坏的主要原因，加之内蒙古地区冬季漫长，进一步加剧了水工建筑物中混凝土结构耐久性的劣化[2]。例如，河套灌区永济灌域的混凝土渠道衬砌在工作3～5年后，即出现不同程度的冻胀破坏（图1-2），严重影响渠道的正常供水。大量的实际工程因混凝土耐久性劣化而丧失工作性能，同时每年还要投入巨额维修费用。因此，尽快解决在严酷环境下混凝土耐久性的问题和工程病害防治的工作显得尤为重要。

图1-1　水工建筑物普通混凝土的冻融破坏

图 1-2　渠道的冻胀破坏

严寒地区的水利工程除了冻害问题，冬季伴随而来的流凌问题也不可避免。流凌是指在河流封冻前，冰块和河水一起流动的现象[3]。冰块漂浮在水面上会产生动能[4]，如海冰作用于海洋工程中的桥梁、码头、灯塔和石油平台；淡水冰主要作用于水库、运河、河流桥墩的混凝土坝上游面[5]，对水工建筑物产生撞击、摩擦，会造成混凝土表面出现不同程度磨损[6]。冰摩擦损失伴随着其他耐久性类型损伤共同发生、发展，在整个损伤阶段持续恶化。我国黄河内蒙古河段，流凌期长达 2~3 个月[7]，例如 2020—2021 年凌汛期历时 111 天，全河封冻总长度最大达到 1079.24km，冰凌密度 10％ 左右[8]，在冬季的封河期和春季的开河期都易发生凌汛（图 1-3）。冰凌长期累积磨损水工建筑物导致混凝土材料的胶结性能降低，骨料暴露，混凝土孔隙率增大，并随着时间的推移造成保护层脱落，这不仅降低了严寒区水利工程的服役性能和使用寿命，还带来了巨大的经济损失。因此，开展冰-混凝土磨损退化机制研究，对于减少水工建筑物混凝土的损失，提高水工混凝土的使用寿命具有重要理论与现实意义。

图 1-3　黄河段流凌磨损水工建筑物

我国冻土面积位居世界第三，有 20％ 的国土位于多年冻土区内，主要分布在青藏高原、东北兴安岭地区、中西部山区等高海拔地区[9]。西部基础设施建设加快，高速公路、铁路、桥梁隧道等混凝土结构不可避免地要修筑在此区域，比如作为世界上穿越冻土里程最长（冻土区约有 560km）的青藏铁路（又称为"天路"），桩基础有着承载力大、受表土冻融影响较小、变形稳定性好、节约土地等优点，适合应用于常年冻土区[10,11]，其中青藏高原中 90％的桥梁都采用钻孔桩基础的形式。桥梁工程桩基长期处于冻土区，桩基础在回冻过程中混凝土内孔隙水会随温度的降低发生冻结，造成混凝土力学性能发生变化，混凝土强度的变化直接影响结构在长期服役过程中的工作性能。因此，为了保证工程质量和安全运营，研究混凝土材料在常年冻土环境中的服役性能具有重要的理论依据和现实意义。

由此可见，不同的服役环境会对混凝土结构造成不同类型的破坏现象，从而影响结构的使用功能和安全性。为了能够解决水利工程中混凝土结构冻害、冰凌磨损和冻土区桩基强度问题，迫切需要结合工程结构所处服役环境特点，因地制宜地发展适合服役环境的混凝土材料。

1.1.2 研究意义

我国浮石资源十分丰富，北起黑龙江、南至海南岛的火山分布区都有浮石矿产分布。目前已经开始开发应用的有吉林辉南火山矿渣、安图园池浮石矿、黑龙江克东二克山浮石矿、内蒙古兰哈达浮石矿和海南浮石矿。仅黑龙江、吉林、山西、辽宁、内蒙古五省区按每年开采利用 500 万 m^3 计算，尚可开采 100 年，其开发应用潜力很大。内蒙古地区浮石矿藏极为丰富，仅乌兰哈达火山群形成的浮石储量就在 1 亿 m^3 以上[12]，可以利用内蒙古当地丰富的浮石资源和工业废料（粉煤灰），研究和开发水泥、浮石、砂子、粉煤灰等混合的新型轻质节能寒区材料——天然浮石混凝土，其主要优点是就地取材，减少砂石及水泥用量，节约能源，循环资源，缓解沉积物对山区的灾害，减轻环境污染，从而使用本地天然浮石骨料代替传统建筑材料这一目的是合乎逻辑的。轻骨料混凝土具有轻质、高强、保温、耐火、抗震性好等优点，已推广应用在桥梁工程[13]、水利工程[14]和铁路工程[15]。

鉴于此，针对北方寒冷地区水利工程，在不破坏自然生态环境的前提下，利用储量丰富的浮石骨料代替天然砂岩、粉煤灰固废替代部分水泥配制天然浮石混凝土，将地区资源优势与经济建设相结合，开展冻融循环作用下天然浮石混凝土耐久性能变化规律研究、冰凌期天然浮石混凝土磨损规律研究和冻土环境下天然浮石混凝土力学性能变化规律研究，系统阐述不同服役环境下天然浮石混凝土孔结构动态演变规律及损伤机理。研究成果有助于提高天然浮石混凝土的工程应用范围，为优选内蒙古水利工程生态环保混凝土材料提供重要理论依据，同时对促进内蒙古水利行业健康发展和建设美丽内蒙古具有重大的现实意义。

1.2 国内外研究现状

1.2.1 天然浮石混凝土研究现状

浮石作为一种天然矿石，在世界范围内均有广泛分布。由于浮石独特的孔结构特征、理化参数以及便于开采获取的资源优势，国内外学者就天然浮石混凝土的应用展开了大量的研究工作。

学者们通过大量的试验对天然浮石混凝土的力学性能、工作性能等基本物理特性进行了研究，取得了较为丰硕的成果，证明天然浮石混凝土作为一种轻骨料混凝土，满足建筑结构要求。Rajak D K[13]通过压缩变形试验得出天然浮石混凝土在位移形变和能量吸收方面相对普通混凝土具有一定优势，认为天然浮石混凝土可应用于大体积及大跨度结构工程中。Cavaleri[16]研究了天然浮石混凝土构件受到恒定垂直荷载及循环水平荷载作用下的破坏机理，得出天然浮石混凝土具有较好的力学性能，并认为在浮石矿产资源丰富的国家和地区，可以将天然浮石混凝土应用于对延展性要求较低的建筑工程中。Hossain[17]利用浮石骨料取代普通粗骨料和细骨料，结果表明，随着取代率的增加，混凝土的密度、抗压强度、弹性模量均有所降低，但仍满足轻质结构混凝土的要求；同时，细磨浮石的火山灰反应使得混凝土更致密，降低了渗透性，从而提高了混凝土的长期耐腐蚀性能。吴必良、夏京亮等[15,18]对非洲浮石混凝土进行耐久性研究，发现其具有较好的抗冻性能、抗氯离子渗透性能，并且具有较高后期强度发展潜力，基本可以适应服役环境对混凝土的要求。

天然浮石混凝土以其轻质高强的特点，已经被应用于海洋结构、大跨度桥梁等水工建筑物中；如苏联鲁吉亚地区建筑的多孔桥，部分结构采用天然浮石混凝土材料，服役性能良好[19]。Rajak[13]向钢管中填充浮石混凝土制成钢管混凝土，并进行抗压性能试验研究。试验结果表明，钢管-天然浮石混凝土的低应变速率下具有比普通混凝土更出色的能量吸收和位移变形能力，说明可将天然浮石混凝土应用于大跨度、大体积的结构工程中。夏京亮、王晓伟等[20,21]利用肯尼亚天然浮石作为轻骨料制成高性能混凝土，应用于蒙-内铁路项目建设中，这一应用提高了蒙-内铁路的混凝土工程质量，产生了显著的经济效益与技术价值。以上研究表明，天然浮石混凝土可以应用在桥梁工程、水利工程、铁路工程中，并且适用于不同的服役环境。

基于天然浮石混凝土是一种固、液、气三相共存的复杂非均质材料。国内外对天然浮石混凝土物理力学性能的研究，主要是通过抗压强度指标进行评价[18-20]。对天然浮石混凝土耐久性的研究，通过抗压强度、质量损伤、相对动弹模量和微观结构进行评估，借助扫描电镜和X射线衍射进行微观结构分析，并通过压汞法、毛细吸水量得出孔隙率的变化规律。孔结构是搭建混凝土宏观性能和微观结构之间的重要纽带，并且在不同养护龄期和不同冻融循环次数时一直处于动态变化过程中，尤其是对天然浮石混凝土的抗冻耐久性，孔结构的特征参数变化对天然浮石混凝土性能的影响十分显著。

1.2.2 低温环境下混凝土研究现状

混凝土自身强度、吸水率和环境温度对混凝土的强度有着直接的影响，但受限于试验条件各不相同，学者们对低温下混凝土性能的变化规律有着不同的研究结论。

Lahlou[22]认为混凝土在低温下的性能是由其孔隙率决定的。低温下的变化主要受材料含水量的影响，随着温度的降低，混凝土的孔隙中形成了冰，填充并密封了一部分孔隙和裂缝，使得混凝土强度提高，且温度越低强度越高。但在混凝土升温到室温后明显变差，破坏表现为强度和刚度的自劣化，混凝土的含水量越大，破坏越严重。Jiang[23]研究了低温下砂浆的强度，表征了砂浆中孔隙水的冻结热力学过程和孔径分布，讨论了低温强度增加与孔隙冰形成之间的关系。结果表明，砂浆的抗折强度比抗压强度增长速度快。含水量和室温下的初始强度是影响低温强度的主要因素,较高的含水量和初始强度产生较高的低温强度。孔隙结冰是砂浆低温强度提高的主要原因之一。时旭东[24]研究了强度等级为 C30 和 C40 的普通混凝土在-190℃时的低温受压性能,试验结果显示,所有试件在-190℃时的受压强度均显著地提高,C30 和 C40 混凝土强度较常温增加了40%和 65%,混凝土的强度等级对其影响较大。Montejo[25]研究了低温下钢筋混凝土的力学性能变化趋势,认为低温混凝土强度只与温度呈线性关系,而不同湿度对应不同的线性关系,同时低温下承受反复荷载的钢筋混凝土构件的强度和刚度逐渐增加,位移能力逐渐降低。Browne[26]研究了抗压强度增量与含水率和温度关系,随着温度的下降,不同含水率下混凝土强度的变化情况,发现含水量较高的混凝土强度增长在-100℃时达到峰值,之后略有下降,而含水率较低的混凝土强度增长较小,达到峰值之后随温度继续下降其强度基本保持不变,而干燥混凝土的强度几乎没有增长,表明含水率是混凝土抗压强度增长的重要影响因素。Jiang[27]总结了大量的低温混凝土试验,研究了低温对混凝土力学性能的影响,发现混凝土低温强度明显高于常温的强度,且强度增量与混凝土含水率呈正比,外部温度和混凝土内部的含水率是影响混凝土强度的主要因素,混凝土中孔隙水的相变和迁移对混凝土性能的变化有明显的影响。

综上所述,学者们在温度和含水率对混凝土抗压强度增长的定性分析上有着一致的结论,但是在定量计算上由于试件种类、试验环境等因素的不同而各有差异,目前仍没有形成统一的计算模型来预测低温下混凝土强度的发展变化。

国内外学者进行了大量的混凝土低温抗压强度试验,根据试验结果总结出了不同的模型来预测混凝土低温抗压强度的变化。Okada[28]对饱水混凝土进行了低温抗压强度试验,认为抗压强度增量与含水率无关,只与温度有关,据此提出了抗压强度预测模型:

$$f_c = f_{c0} + \Delta\sigma_c$$
$$\Delta\sigma_c = 54 - 8.6T - T^2 \quad (-100℃ \leqslant T \leqslant -10℃) \tag{1-1}$$

式中,f_c 为混凝土抗压强度;f_{c0} 为混凝土常温下初始抗压强度;$\Delta\sigma_c$ 为混凝土抗压强度增量。

Goto[29]对含水率为 2.88%的混凝土进行了低温抗压强度试验研究,认为抗压强度增量同时受温度(T)和含水率(w)的影响,但当温度低于-120℃时,抗压强度增量与温度无关,并总结了如下公式:

$$\Delta\sigma_c = \begin{cases} \left[120 - \dfrac{(T+180)^2}{270} \right]w \\ 107w \end{cases} \begin{cases} -120℃ \leqslant T \leqslant 0℃ \\ -196℃ \leqslant T < -120℃ \end{cases} \tag{1-2}$$

时旭东[30]对 C60 混凝土进行了低温抗压强度试验,发现混凝土抗压强度变化可分为损伤、快速增长和平稳波动三个阶段,对混凝土抗压强度与温度和含水率进行分段拟合,得到混凝土抗压强度增量的表达式:

$$\Delta\sigma_c = \begin{cases} (0.0266T - 0.533)w \\ (-0.136T - 3.790)w \\ 8.470w \end{cases} \begin{cases} -20℃ \leqslant T \leqslant 20℃ \\ -90℃ \leqslant T < -20℃ \\ -196℃ \leqslant T < -90℃ \end{cases} \tag{1-3}$$

Yan[31]以 C40 混凝土为研究对象,开展了温度范围 20~-160℃的混凝土抗压强度试验,并将混凝土抗压强度变化表达为初始强度乘以与温度相关的强度增长系数的形式，如下式：

$$f_c = f_{c0} \cdot \gamma_T$$
$$\gamma_T = -0.0027T + 1.036 \quad (-160℃ \leqslant T \leqslant 20℃) \tag{1-4}$$

式中，γ_T 为抗压强度增长系数。

Wang[32] 对饱和混凝土进行了 $0 \sim -20℃$ 的抗压强度试验，认为抗压强度增量主要取决于低温下孔隙水冻结后的冰的抗压强度，并给出了以结冰量为变量的混凝土抗压强度预测模型：

$$\Delta\sigma_c = \frac{f_{c,冰}(T) \times V_冰/H}{V_{混凝土}/H} \tag{1-5}$$

式中，$f_{c,冰}(T)$ 为温度 T 时冰的强度；$V_冰$ 为冰的体积；$V_{混凝土}$ 为混凝土体积；H 为混凝土试件高度。

通过上述学者的研究内容可知，目前低温下混凝土抗压强度的预测模型大多是对试验结果拟合而来的，由于混凝土强度、温度、含水率等试验变量的不同，预测模型也各不相同，其适用性也较为有限。并且关于天然浮石混凝土的研究多是集中在常温下的力学性能、耐久性能，而对天然浮石混凝土在冻土区持续负温环境下的力学性能的研究较少。为了更好地了解冻土区天然浮石混凝土的强度变化规律，有必要研究低温环境下天然浮石混凝土力学性能并推导建立抗压强度预测模型。

1.2.3　冰-混凝土磨损研究现状

由于冰对混凝土表面的磨损退化可能会促进或启动其他退化机制，如冻融循环、钢筋腐蚀、开裂、化学和霜冻侵蚀等。为了控制和防止混凝土受冰的磨损，许多学者一直在研究其磨损机理。但是由于磨损损伤过程复杂，目前国内外没有形成统一的磨损理论。

Janson[33] 研究了 30 多个瑞典海岸的灯塔在漂移的海冰影响下，磨蚀深度在 $0 \sim 140mm$，磨损率为 $2 \sim 7mm/年$，而且有一种趋势，即最北端的灯塔深度会增加。F. Hara 等[34] 对日本一座桥墩进行了淡水冰磨损率研究，发现水线处的磨损率最大，最大磨损率范围为 $1 \sim 5mm/年$。Malhotra 等[35] 研究了混凝土板在北极海洋环境中的性能，在加拿大巴芬岛南尼斯维克（73°北）的一个码头上安装了 12 块太阳能板，经过 7 年的暴露，测试板处于良好到极好的状态。Arnaud[36] 对加拿大东南部博福海内架上的水工建筑物进行了 2200 次冰-混凝土磨损监测，监测结果显示平均冰冲刷深度和宽度可分别达到 0.3m 和 11m，未测试磨损量。文献[36-38] 水利工程或海洋工程所处的环境不同，相关的变量不同，所以中国水利工程的冰-混凝土磨损率不能客观地借鉴以上工程的测试数据。

国内外对于混凝土磨损机理影响因素不统一，Guzel[39] 通过冰滑动试验研究了高性能普通混凝土和轻骨料混凝土的抗压强度、冰耗和摩擦系数对磨损的影响，得出强度为 70MPa 的混凝土试件经过 3km 的滑动试验，其最大耐磨性深度为 0.35mm；并利用表面形貌学得出轻质混凝土的磨损较大，主要是因为多孔骨料的粗糙度造成的[40]。Bruno Fiorio[41] 进行了冰-混凝土接触性循环磨损试验，认为磨损量与滑动速度及接触压力密切相关，与接触面粗糙度无关。Itoh, Y[42,43] 得出混凝土的磨损率主要由冰温和接触压力决定，与混凝土的抗压强度和骨料的种类无关。Egil Møen[44,45]利用威布尔分布分析了接触面压强、冰温以及混凝土强度对磨损率影响的显著性，发现混凝土强度对磨损率影响最大。潘光辉[46]通过环形水槽试验研究浮冰及泥沙颗粒对冲刷坡度随时间变化的规律，并与模型模拟结果进行比对，发现冰磨损造成混凝土表层损伤，且损伤程度随着冰的粗糙度增大而增大。秦绪祥[47]研究了淡水冰与混凝土之间的摩擦因数，发现接触时间、温度、接触面压强都是决定磨损量的重要因素。

Jacobsen[48]根据服役期冰与混凝土的碰撞作用，提出了该现象的简单模型（图1-4），在水工混凝土建筑物的迎流面（区域1），受法向荷载影响较严重，多为撞击损伤，但水层的存在大大削弱了这种撞击损伤；而靠近过流面的区域（区域2、区域3）则受到更多的切向荷载影响，冰凌以及大量碎片沿着混凝土表面划过，这两个区域的磨损损伤程度远高于区域一，由此可见冰凌磨损导致的混凝土损伤现象不容忽视。Tijsen, J[49]通过室内试验模拟了锥形冰样品和混凝土之间的三种类型的相互作用，得出区域1的磨损程度最大。Janson[33,50]研究了30多个圆形混凝土灯塔，发现区域3冰滑对混凝土结构的磨损作用比冰破碎作用更严重，而冰破碎作用发生在混凝土结构的前缘滞止区。Hara[34]对北海道椭圆形截面的桥墩观察得出，区域1和区域2比区域3的冰磨损大。研究学者对于冰-混凝土的磨损成因和退化过程背后未知力学机制没有形成统一的看法，因此，冰-混凝土磨损问题需要进一步深入探讨。Egil Møen[51]和Hara[34]对混凝土上的冰滑动试验、旋转试验和滚转试验等各种测试冰-混凝土的耐磨性的方法进行了评价，得出滑动磨损测试是评估浮冰运动所造成磨损的最合适方法。因此，选择冰滑动作为研究开发冰-混凝土磨损工作的原理。

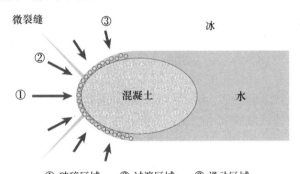

①破碎区域；　②过渡区域；　③滑动区域

图1-4　冰与混凝土结构相互作用示意图[48]

综上所述，国内外学者对于冰-混凝土的磨损原因和失效机理存在不同的看法，为了深度发展内蒙古浮石资源在水利工程中应用，保证其在严寒地区的服役性能和使用寿命，需要对天然浮石混凝土抗冰磨损性能进行测试和评估。本书选择冰滑动作为冰-混凝土磨损工作原理，利用自制的试验设备，研究天然浮石混凝土在冰摩擦作用下的磨损量变化规律及影响因素，并对天然浮石混凝土的表层形貌、孔结构进行了分析，揭示冰对天然浮石混凝土的磨损特征及劣化机理，建立基于冰-天然浮石混凝土磨损量预测模型及服役寿命预测。

1.2.4 混凝土孔结构研究现状

为了更好地研究混凝土内部孔结构的演变规律，研究学者应用先进的技术手段进行测试。Alper Bideci[52]和Scruggs[53]利用扫描电镜（SEM）分析了骨料与胶凝材料的界面过渡区孔结构的变化；Khandaker M [54]和Hossain, K. M. A. [17]运用压汞法、光学显微镜法、显微硬度仪、SEM等试验手段测试出天然浮石混凝土干燥收缩后孔结构的变化情况；在文献[55]中，通过X射线断层扫描获得了骨料、砂浆、孔洞等清晰的混凝土断面图像，证明了CT扫描技术可以研究轻骨料混凝土的孔隙分布；John等[56]和陈厚群[57]结合CT扫描和数字图像关联术（Digital Image Correlation，DIC）得出三维裂纹内部特征以及裂纹形态判定时存在的问题。目前孔结构的试验研究由于测试范围比较窄，代表性不足，造成试验结果有一定的局限性，并且大部分是建立孔隙率为参数的试验和预测模型[58]，忽略了孔径分布和气泡间距系数等特征参数，从而造成现有的计算模型与试验值的实测值有较大差异性。

国内外学者根据静水压假说[59]、渗透压假说[60]和试验方法得出混凝土孔结构的分类如下，Powers T C[61]将混凝土中的孔结构分为凝胶孔、毛细孔（0.02~10μm）和非毛细孔，凝胶孔又称为过渡孔，孔径小于20nm，据估计在−78℃以上不会结冰，属于无害孔。日本学者近藤和大门[62]对混凝土孔隙进行划分：孔隙半径小于6Å为凝胶微晶内孔，是混凝土中最小的孔隙；孔隙半径6~16Å为凝胶微晶间孔，是Powers所说的凝胶孔；孔隙半径16~2000Å为凝胶粒子间孔，为毛细孔；孔隙半径大于2000Å，为大孔。美国科学家P. K. Mehta[63]将孔结构划分为四个区间：<4.5nm、4.5~50nm、50~100nm、>100nm，其中>100nm的孔结构对混凝土各项宏观性能起决定性作用。1973年吴中伟院士[63]对混凝土孔级进行划分，<20nm的为无害孔，20~50nm的为少害孔，50~200nm的为有害孔，>200nm的为多害孔。由于所采用的理论假说和研究手段不一样，导致混凝土孔结构的划分区间不一致。

目前，核磁共振技术已经成为医学诊断的一种重要手段，并且在石油勘探开发、农业、食品和生物医药等领域的应用也比较成熟，在岩石孔隙结构及冻融损伤机制的研究方面也已得到了广泛的应用[64]，但目前将其应用于混凝土的研究还较少。为了更好地分析天然浮石混凝土孔结构，本书利用核磁共振仪、压汞仪进行天然浮石混凝土孔结构的孔隙度、孔径分布等特征参数的测试，并结合核磁共振成像技术、环境扫描电镜和激光扫描共聚焦显微系统进行不同角度的成像测试，开展不同服役环境作用下天然浮石混凝土的孔结构动态演变规律研究，连续测试追踪孔结构的发展变化过程，探究天然浮石混凝土孔结构之间相互转化的规律，得出孔结构对天然浮石混凝土发育强度、抗冻性、抗冰磨损及低温强度的响应规律，揭示天然浮石混凝土孔结构动态变化机理，进一步丰富了天然浮石混凝土基础理论的研究。

1.3 本书主要研究内容

本书对天然浮石混凝土孔结构特征进行了较系统的阐述，为天然浮石混凝土在水利工程上的应用提供了基础试验和理论依据。主要内容如下：

（1）针对天然浮石混凝土发育成长过程中宏观力学和孔结构特征参数的变化，追踪天然浮石混凝土在不同养护龄期过程中强度、孔隙率、孔径分布、孔隙形态等特征参数的变化，对天然浮石混凝土孔结构进行系统的分析。

（2）以严寒区水工建筑物服役期间遭受的冻害为研究背景，对天然浮石混凝土进行冻融循环试验，研究天然浮石混凝土宏观性能的降低与微观损伤发展的关系，运用疲劳损伤理论建立天然浮石混凝土抗冻耐久性寿命预测模型。

（3）连续测试冻融循环作用下天然浮石混凝土孔结构的孔隙率、形态、孔径分布等特征参数的动态时变特征，得出天然浮石混凝土孔结构损伤演化特征。并结合宏观损伤建立天然浮石混凝土孔结构损伤阈值模型。

（4）以西部严寒区的低温环境为背景，多孔浮石骨料为研究对象，研究低温下浮石骨料孔隙度、孔隙孔径分布及核磁共振成像，分析浮石骨料宏观力学性能变化与孔结构变化的关联性。结合低温环境扫描电镜，研究基于天然浮石混凝土孔隙结冰对抗压强度的提升效果及机理，并进一步考虑结冰量对天然浮石混凝土强度的影响，建立了低温下混凝土抗压强度预测模型。

（5）以多年冻土区环境为工程背景，考虑冻土区天然浮石混凝土桩基础在回冻过程中吸水率和温度变化，研究不同吸水率、不同温度下的天然浮石混凝土孔结构结冰规律，再结合冻胀应变及抗压强度的变化规律，探究冻土区天然浮石混凝土抗压强度增长的影响因素及增强机理。

（6）以黄河内蒙古地区流凌环境与气象特征为背景，研究分析天然浮石混凝土在冰磨损作用下的磨损量变化规律及影响因素；借助先进的微观试验系统对天然浮石混凝土磨损过程中表层形貌、孔结构以及界面胶结性能等微观结构特性进行测试，阐述磨损量的动态时变规律，揭示冰-天然浮石混凝土磨损作用下的劣化机理。基于灰熵法建立天然浮石混凝土磨损量与混凝土强度等级、冰压、环境温度的预测模型，并结合概率统计预测天然浮石混凝土在冰凌磨损作用下的服役寿命。

2 天然浮石混凝土发育阶段孔结构时变规律研究

在天然浮石混凝土研究与应用技术日趋成熟的情况下，充分利用内蒙古当地丰富的浮石资源，使用浮石粗骨料取代普通砂石制备轻质高强的天然浮石混凝土，一方面可以实现资源有效利用，降低材料费用和工程造价，减少开采砂石过程中的环境污染，有利于经济和社会的发展；另一方面也能充分发挥浮石混凝土的优良特性，促进天然浮石混凝土的研究与发展，使天然浮石混凝土应用在更广泛的领域之中。

本章针对天然浮石混凝土发育成长过程中宏观力学和孔结构特征参数的变化，追踪天然浮石混凝土在不同养护龄期过程中强度、孔隙率、孔径分布特征参数的变化，对天然浮石混凝土孔结构进行系统的分析，探究天然浮石混凝土发育阶段孔结构与抗压强度的变化规律。

2.1 试验概况

2.1.1 试验材料

水泥：采用冀东 P·O 42.5 普通硅酸盐水泥，性能指标按照《通用硅酸盐水泥》（GB 175—2007）的规范进行测定，见表 2-1。

表 2-1 普通硅酸盐水泥的性能指标

性能指标	初凝（min）	终凝（min）	细度（%）	标准稠度用水量（g）	抗压强度（MPa）	
					3d	28d
实测值	125	255	1.92	155	22.8	44.7

粉煤灰：采用呼和浩特市金桥热电厂生产的I级粉煤灰，其化学成分见表 2-2。

表 2-2 I级粉煤灰化学成分（%）

成分	SiO_2	Al_2O_3	CaO	Fe_2O_3	CO_2	MgO	SO_3	K_2O	Na_2O	TiO_2	SrO
比例	40.28	18.15	18.08	8.56	5.18	2.34	2.08	1.76	1.31	0.95	0.73

细骨料：采用普通河砂，筛选出粒径为 0.25～0.5mm 的中砂作为混凝土细骨料，按照《建设用砂》（GB/T 14684—2011）测试其物理性能，见表 2-3。

表 2-3 普通河砂的物理性能

物理性能	细度模数	表观密度（kg/m³）	堆积密度（kg/m³）	含水量（%）	含泥量（%）
实测值	2.6	2550	1590	2.31	2.17

粗骨料：采用呼和浩特市和林格尔县的天然浮石，粒径为 5～20mm，如图 2-1 所示。按照《轻集料及其试验方法 第 2 部分：轻集料试验方法（GB/T 17431.2—2010）中的有关规定测试天然浮石骨料的物理性能指标见表 2-4，运用 X 射线荧光光谱分析仪（图 2-2）测定天然浮石的化学成分，见表 2-5。

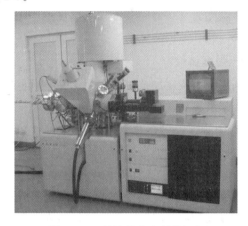

图 2-1　天然浮石骨料形貌图　　　　图 2-2　X 射线荧光光谱分析仪

表 2-4　天然浮石骨料的物理性能指标

指标	堆积密度（kg/m³）	表观密度（kg/m³）	吸水率（%）	筒压强度（MPa）	烧失量（%）	酸不溶物（%）
实测值	810	1690	17.6	2.77	3.31	76.63

表 2-5　天然浮石主要化学成分

化学成分	SiO_2	Al_2O_3	Fe_2O_3	CaO	MgO	Na_2O	其他
含量（%）	45.62	15.26	10.46	8.37	6.96	5.24	7.63

外加剂：采用聚羧酸减水剂，减水率为 20%，掺量为胶凝材料质量的 0.7%。
水：呼和浩特市普通市政自来水。

2.1.2　配合比设计

依据《普通混凝土配合比设计规程》（JGJ 55—2011）及《水工混凝土结构设计规范》（SL 191—2008），一般选取强度等级为 C20～C40 的混凝土浇筑桥墩等大体积水下构造物，对于非结构性的混凝土建筑构件，强度大于 C20 即可。因此，本书选用孔隙分布较好的天然浮石作为粗骨料，按照《轻骨料混凝土应用技术标准》（JGJ/T 12—2019）配制了 LC20、LC30、LC40 三种不同强度等级的天然浮石混凝土，其配合比见表 2-6。

表 2-6　天然浮石混凝土配合比

强度等级	水泥（kg）	粉煤灰（kg）	河砂（kg）	浮石（kg）	水（kg）	减水剂（kg）	水胶比
LC20	304	76	869	562	172	7.6	0.45
LC30	320	80	857	550	168	8.0	0.42
LC40	360	90	846	530	180	9.0	0.4

2.1.3　试验设计和试验方法

按照《轻骨料混凝土应用技术标准》（JGJ/T 12—2019）制备试样，制作尺寸 100mm× 100mm×100mm 抗压强度试样和 ϕ50mm×100mm 孔结构试样，然后将混凝土放置在标准养护室［温度为（20±3）℃，相对湿度 95％以上］内养护。养护至规定龄期，进行抗压强度试验和孔结构测试。

1. 抗压强度试验

利用伺服液压加载机（图 2-3）对不同配合比的天然浮石混凝土在 7d、14d、28d 进行抗压强度测试。

2. 孔结构测试

孔结构试验借助上海纽迈 MesoMR-60S 核磁共振仪进行，如图 2-4 所示，磁场强度（0.5±0.08）T，仪器主频率为 21.3MHz，磁体扫描范围 0～60mm。核磁共振技术通过接收液态水中的氢质子信号来反映信号强度，信号量强度越大，则含水量越大。利用已知孔隙度和体积的标定样，通过核磁共振仪建立单位体积核磁共振信号与孔隙度之间的关系曲线，然后把试样放入核磁共振仪器中进行测试，可以直接得到试件孔隙中的流体 T_2 弛豫时间和总信号量，将总信号量除以试件体积，可以得到单位体积试件 T_2 弛豫时间信号量。根据定标线的关系，可将试件的孔隙度计算出来。核磁共振成像系统是将核磁共振仪所测的信号数据传输到计算机，经过数据处理后转换在可视化软件以及设备上，显示所测数据图像。

图 2-3　伺服液压加载机

图 2-4　核磁共振仪

核磁共振测试所得结果是以弛豫时间为横坐标，以信号强度为纵坐标的 T_2 谱，均匀磁场中流体的横向弛豫时间为[65]：

$$\frac{1}{T_2} = \frac{1}{T_{2S}} + \frac{1}{T_{2B}} + \frac{1}{T_{2D}} \tag{2-1}$$

式中，T_2 为流体的横向弛豫时间，ms；T_{2S} 为流体的表面弛豫时间，ms；T_{2B} 为流体的体积弛豫时间，ms；T_{2D} 为流体的扩散弛豫时间，ms。

扩散弛豫时间 T_{2D} 与磁场的梯度有关，核磁共振仪所产生的磁场是均匀磁场，因此计算时可以不计扩散弛豫时间 T_{2D} 的影响。而水的体积弛豫时间 T_{2B} 远大于天然浮石混

凝土的 T_2 值，因此该项也可忽略不计。式（2-1）可以简化为

$$\frac{1}{T_2} = \frac{1}{T_{2S}} = \rho_2 \left(\frac{S}{V} \right) = \rho_2 \left(\frac{F_S}{r} \right) \tag{2-2}$$

式中，ρ_2 为表面弛豫速率，nm/ms；$S/V = F_S/r$ 为孔隙的比表面积；F_S 为样品孔隙的形状因子，一般圆柱状孔隙 $F_S = 2$，球形状孔隙 $F_S = 3$[66]；r 是孔径，nm。

式（2-2）中表面弛豫速率 ρ_2 和形状因子 F_S 是常数，令 $1/\rho_2 \cdot F_S = N$，将式（2-2）两边同时取对数得到：

$$\mathrm{Lg}T_2 - \mathrm{Lg}N = \mathrm{Lg}r \tag{2-3}$$

通过比较不同 N 值下的核磁共振 T_2 分布累计曲线与压汞孔径的累积分布曲线，最接近的曲线即可得出 N 值；将 N 值代入式（2-3）中，即可将孔隙的 T_2 谱分布曲线转换为孔径分布图。

具体测试步骤：制作尺寸 ϕ50mm×100mm 圆柱体天然浮石混凝土试件，对不同养护龄期（7d、14d、28d）进行真空饱水，真空压力值为 0.1MPa，抽气时间为 8h，再将试样放入蒸馏水中浸泡 24h。借助核磁共振技术对天然浮石混凝土试件进行核磁共振横向弛豫 T_2 测量。将试样进行压汞试验（试验中汞液的润湿接触角为 130°，流体液面张力为 485N/m，汞液密度为 13.53g/mL），可得到孔径累计分布曲线；将不同 N 值（分别取 1、3、5、10）代入式（2-3）中，对比核磁共振 T_2 分布累计曲线与压汞孔隙孔径累积分布曲线，找到最接近的曲线，即得 N 值[67]。换算 N 值的过程如图 2-5 所示，得出天然浮石混凝土的 N 值取 3，即完成核磁共振 T_2 谱转换为孔隙孔径。

图 2-6 中可以看到核磁共振 T_2 谱转换后的孔隙孔径分布曲线与压汞所测的孔径分布曲线可以较好地匹配，图中也可看出转换之后的两者在幅度上有较大的差异，原因在于压汞测试得到的是试件连通孔隙的孔径分布特征，而核磁共振数据反映的是试件所有孔隙的孔径分布情况，这种幅度差在一定程度上反映的是试样孔隙之间的连通情况。

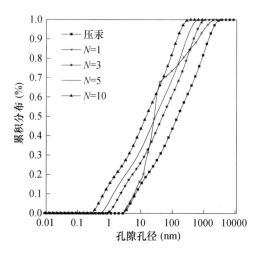

图 2-5　确定换算系数 N 的过程

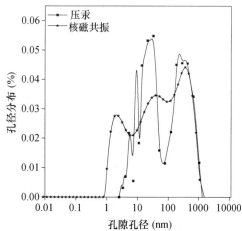

图 2-6　压汞与核磁共振转换孔隙孔径对比图

2.2 天然浮石混凝土抗压强度发育规律

图 2-7 所示为 LC20、LC30、LC40 天然浮石混凝土在不同龄期时的抗压强度。在 7d 时天然浮石混凝土的抗压强度分别达到了 17.78MPa、23.38MPa、24.99MPa。与 7d 相比，7～14d 混凝土的强度增长缓慢，抗压强度分别增加了 26.20%、8.42%、19.16%。14～28d 龄期混凝土强度增长稳定，28d 相对 14d 的抗压强度分别增加了 11.05%、26.31%、19.91%。随着龄期的增长，水化程度不断增大，产生的水化产物填充了混凝土的孔隙，并且使混凝土内部的自由水分减少，提高了混凝土的密实性，也就提高了混凝土的强度。

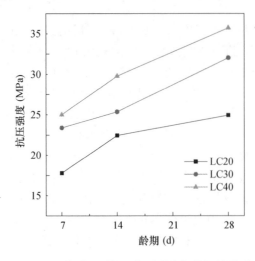

图 2-7　天然浮石混凝土抗压强度与龄期的关系

2.3 天然浮石混凝土孔结构变化规律

2.3.1 天然浮石混凝土孔隙率变化规律

天然浮石混凝土孔隙率是总孔隙体积与试件体积之比。图 2-8 所示为不同强度发育阶段天然浮石混凝土的孔隙率，由图 2-8 可以看出，天然浮石混凝土的孔隙率与普通混凝土相似，都随着龄期的增加而降低。这是由于水化作用的水化产物填充原本被水占据的空间，使得孔隙率降低。LC20、LC30、LC40 强度等级的天然浮石混凝土在 7d 时的孔隙率分别是 4.85%、3.29%、2.86%，14d 时孔隙率分别是 4.50%、3.02%、2.81%，与 7d 相比分别下降了 7.35%、8.21%、1.74%。28d 时，与 14d 相比孔隙率分别下降了 5.27%、10.13%、6.47%。天然浮石混凝土的抗压强度随着孔隙率的降低而增加，这主要归因于浮石混凝土的强度与水泥石强度有着直接关系，硬化水泥浆体的抗压强度是由其孔隙体积决定的[68-69]，因此水化产物填充了部分孔隙，提高了混凝土密实度。

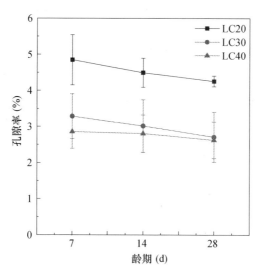

图 2-8　天然浮石混凝土孔隙率与龄期的关系图

2.3.2　天然浮石混凝土孔径分布变化规律

孔隙率的变化会影响混凝土的强度，但并不是影响混凝土强度的唯一指标。混凝土的强度、渗透性和耐久性很大程度上取决于孔径分布[70]，孔径分布的变化可以反映天然浮石混凝土发育阶段内部孔隙结构的演变。根据 Yinchuan Guo[71] 对孔径的分类，将孔径大小分为凝胶孔（0～10nm）、过渡孔（10～100nm）、毛细孔（100～1000nm）、非毛细孔（>1000nm）。图 2-9 所示为不同强度下天然浮石混凝土的孔径分布曲线，在孔径为 1～10nm、10～1000nm、1000～10000nm 三个区域形成了三个峰值，孔径<20nm 的孔隙占据了天然浮石混凝土中的大部分孔隙。

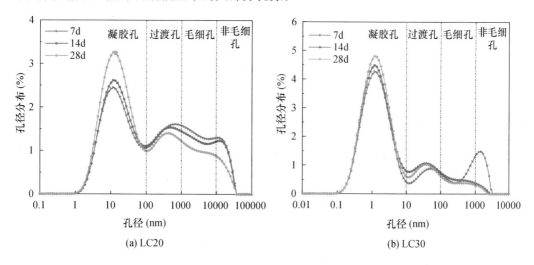

(a) LC20　　　　　　　　　　　　　　(b) LC30

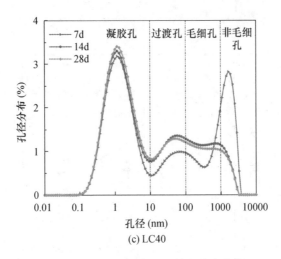

(c) LC40

图 2-9 天然浮石混凝土的孔径分布曲线

从图 2-9 中可以看出，随着养护龄期的增加，凝胶孔峰值在逐步增大并且大孔特征峰的峰值向下浮动。7d 时，凝胶孔所占比例分别从 18.28%、30.26%、22.57% 增长到了 28d 的 23.24%、33.71%、24.42%，凝胶孔占比的增加使天然浮石混凝土的孔隙结构得到细化，从而提高了混凝土的密实度。与 7d 相比，28d 的过渡孔和毛细孔总孔体积分数分别增长了 16.53%、16.00%、24.00%。过渡孔和毛细孔的孔径分布曲线趋势都在向左移动，这意味着孔径在向小孔径演变，从而使总孔隙率降低，一些大孔被填充并转化为毛细孔，使混凝土的基质致密化。凝胶孔、过渡孔和毛细孔占比的增加可归因为水化产物，C-S-H 凝胶材料随着龄期的发育而增加[72]。非毛细孔 7d 龄期的比例分别从 30.71%、19.17%、34.82% 下降到 28d 龄期的 21.32%、7.63%、22.75%，这是由于随着养护时间的增加，水化程度逐渐增大，非毛细孔逐渐被水化产物填充。

2.4 基于孔结构的天然浮石混凝土抗压强度预测模型

2.4.1 建立天然浮石混凝土抗压强度预测模型

采用多高斯拟合方法对天然浮石混凝土的孔径分布曲线进行量化，得到孔径分布的概率密度函数，从而建立天然浮石混凝土孔径分布函数与抗压强度的关系模型。本节拟采用高斯函数作为峰拟合函数，表示如下：

$$f_i\ (x)=A_i\exp\left[-\frac{(x-\mu_i)^2}{2\delta_i^2}\right] \tag{2-4}$$

式中，A_i 表示高斯峰值的幅度；μ_i 表示高斯峰值的最大频率位置；δ_i 表示高斯峰的半宽。

假定所有的孔径大小分布由 n 组不同尺寸的孔径排列而成，各组孔径的尺寸遵循相同的分布规律，则天然浮石混凝土的概率密度分布函数可以看作将总的孔隙尺寸分离为具有特定参数并且彼此独立的单个分布经过加权变化后进行叠加。可以用下式来表示：

$$f(x) = \sum_{i=1}^{n} f_i(x) \qquad (2\text{-}5)$$

式中，x 表示孔径大小；n 表示高斯函数数量；当 $i = 1, \cdots, n$ 时 A_i，μ_i，δ_i 为输出参数。

图 2-10 所示为不同强度、不同龄期下天然浮石混凝土孔径分布拟合曲线，其孔径分布拟合参数见表 2-7。从图表中得知，高斯拟合方法可以较好地描述浮石混凝土的孔径分布，相关系数高达 0.9992。这为后续根据 Hou[73] 的抗压强度预测模型提供了准确的孔隙尺寸分布函数。

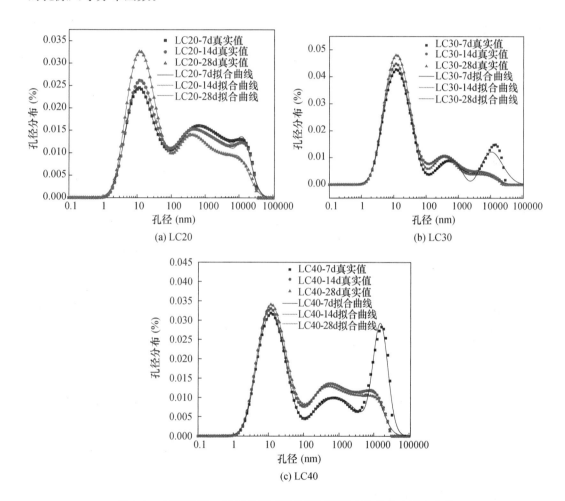

图 2-10　不同强度、不同龄期下天然浮石混凝土孔径分布拟合曲线

表 2-7　天然浮石混凝土孔径分布拟合参数

	C20−7	C20−14	C20−28	C30−7	C30−14	C30−28	C40−7	C40−14	C40−28
A_1	−0.00045	0.00122	0.00274	0	0.01151	0	−0.00043	−0.01059	0.01
μ_1	2.495	2.512	2.479	2.416	2.713	2.404	2.115	2.32	1.602
δ_1	0.1936	0.5553	0.2595	1.46e−05	0.4478	3.74e−05	0.07372	1.436	0.9478
A_2	0.01824	7.28e−05	0.00228	−0.1171	−0.00349	0.01459	0.02763	−0.00084	0.01282

	C20-7	C20-14	C20-28	C30-7	C30-14	C30-28	C40-7	C40-14	C40-28
μ_2	2.18	2.64	2.804	2.891	2.673	2.566	9.636	3.749	3.887
δ_2	1.082	0.07359	0.3568	0.767	0.3131	0.4725	0.6854	1.858	0.8885
A_3	7.26e-05	-0.00259	0.00191	0.00019	0.02829	0.00275	0.02209	-0.01042	-0.00096
μ_3	2.825	1.837	2.143	2.102	2.253	2.146	2.961	10.66	2.181
δ_3	0.1061	0.5494	0.2311	0.266	0.7901	0.2859	1.043	1.041	0.5045
A_4	0	0.01668	0	0.00347	0.01892	0.0278	0.00019	0.03872	-0.1628
μ_4	6.465	2.881	3.253	1.818	3.323	3.191	2.152	2.563	2.826
δ_4	0.00024	0.9818	1.78e-05	0.4788	0.6848	0.7267	0.09052	1.27	1.401
A_5	-0.02705	0	0.01961	0	0.0217	0.00167	0	0.00873	0.1888
μ_5	7.065	6.217	1.867	3.256	1.726	1.889	3.24	1.771	2.738
δ_5	1.399	0.00039	0.8141	0.00024	0.7786	0.2941	4.39e-05	0.9072	1.3
A_6	0.0424	0.0154	0.0194	0.0085	0	-0.00109	0.02063	0.00671	-0.00041
μ_6	7.012	6.775	2.991	7.85	3.341	3.419	1.973	5.876	13.2
δ_6	1.766	3.395	0.8939	3.339	0.00038	0.00076	0.9857	2.177	23.65
A_7	0.01107	0.00039	0.01342	0.1547	0.00944	0.03251	0.01425	0.00579	0.01391
μ_7	3.33	3.982	6.367	2.854	5.808	1.91	6.31	6.191	5.905
δ_7	1.453	0.4042	6.367	0.8375	2.994	0.8568	2.381	1.355	2.345
A_8	0.00901	0.01596	-0.00116	0.01488	-0.00867	0.00845	-0.00567	0.01258	0.00868
μ_8	9.576	1.843	4.66	1.529	1.837	5.873	4.813	9.58	8.954
δ_8	0.7219	0.7927	0.4667	0.7271	0.6289	2.669	3.006	2.285	1.256

2.4.2 模型结果验证与分析

断裂力学中，脆性材料的强度很大程度上取决于内部裂纹的存在。在单位体积试件 V_0 中，对于尺寸为 a 的孔隙直径，通过 Griffith 断裂理论[74]，将应力强度因子 K_{IC} 作为裂缝失稳的判据，给出了裂纹尺寸 a 和导致裂纹开始开裂的临界应力 σ 之间的关系[75-76]：

$$a = \frac{2}{\pi}\left(\frac{K_{\mathrm{IC}}}{Y\sigma}\right)^2 \qquad (2-6)$$

其中，Y 是材料几何边界所决定的修正系数。当 Y、σ 一定时，孔隙直径 a 达到临界值时，裂纹失稳。试样破坏的概率即孔隙直径 a 超过临界直径 a_c 的概率，临界裂纹长度 a 由式（2-6）确定，即

$$P(\sigma \geqslant \sigma_c) = P(a \geqslant a_c) = F(\sigma) = \int_a^\infty f(x)\mathrm{d}x \qquad (2-7)$$

当体积为 V 的试样包含 N 个单元体积，即 $N = V/V_0$ 时，则临界应力 σ 下的断裂概率为：

$$P_{f(\sigma)} = 1 - \left[1 - F(\sigma)\right]^N \qquad (2-8)$$

对于天然浮石混凝土，其孔隙的个数 N 通常很难统计清楚，因此可以由其孔隙率 p

和试样体积 V 来估算，则孔隙的个数 N 可以由下式确定：

$$N = kp^m V \tag{2-9}$$

其中，k 和 m 都是经验参数。假设孔隙形状相同，则 $m=1$。将 N 代入式（2-8），可得到：

$$P_{f(\sigma)} = 1 - [1 - F(\sigma)]^{kp^m V} \tag{2-10}$$

当 N 足够大时，可简化为[77]：

$$P_{f(\sigma)} = 1 - \exp[-kp^m V F(\sigma)] \tag{2-11}$$

当远场应力 σ_∞ 作用于天然浮石混凝土时，由于裂纹尖端区域附近的应力集中，微裂纹周围会产生不均匀应力，当达到临界应力时，会出现局部裂纹。此外，裂纹的扩展是一个随机过程，裂纹不断增长并聚集，直至贯穿整个试样，导致最终失效。因此，天然浮石混凝土的宏观强度可用达到临界应力的概率进行加权[78-79]。对每一个断裂概率对应的应力进行积分，得到临界应力 f_c：

$$f_c = \bar{\sigma} = \int_0^1 \sigma \, dP_f = \int_{\sigma_{\min}}^{\sigma_{\max}} (1 - P_f) \, d\sigma \tag{2-12}$$

其中，$\sigma_{\max}$ 和 $\sigma_{\min}$ 是应力的最大值和最小值。最大应力 $\sigma_{\max}$ 趋于无穷，最小应力 $\sigma_{\min}$ 的值为 0，但实际上，这些值通常是有限的，并且大于零[80]。当最小应力 $\sigma_{\min}$ 取 0MPa 和最大应力 $\sigma_{\max}$ 取 200MPa 时[73]，式（2-7）断裂的概率非常接近 1，因此将应力的最小值 $\sigma_{\min}$ 和最大值 $\sigma_{\max}$ 分别视为 0MPa 和 200MPa。

基于上述模型，采用（2-4）公式对天然浮石混凝土的孔径分布进行高斯拟合，然后通过（2-12）公式计算天然浮石混凝土的抗压强度，在图 2-11 中可以观察到模型结果与测试数据具有良好的一致性，相关系数 $R^2 = 0.9068$。

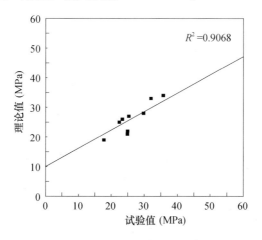

图 2-11 抗压强度实际值与预测值的对比

3 天然浮石混凝土冻融损伤研究

冻害是造成水工建筑物混凝土结构破坏的主要原因，由于内蒙古属于严寒地区且冬季漫长，随着使用年限的增加，加剧了水工建筑物如水闸、桥涵、大坝等出现了不同程度的损伤破坏，对混凝土工程耐久性的不利影响更加严重。冻融循环作用引起的混凝土结构的劣化是一个普遍存在的问题，直接影响到结构的工作性能和使用寿命。因此，研究混凝土的冻融损伤和寿命预测很有必要。由于天然浮石混凝土是一种多孔材料且孔结构较复杂，直接将普通混凝土的评价体系和寿命预测模型应用到天然浮石混凝土中，与实际结果有一定的偏差。因此，有必要进一步完善天然浮石混凝土的冻融损伤模型。

本文对五种不同配合比的天然浮石混凝土试件进行了快速冻融试验，并通过对天然浮石混凝土质量和相对动弹性模量损失率变化进行分析，得到了浮石骨料对混凝土抗冻性的影响。同时，基于静水压力和疲劳损伤理论建立了天然浮石混凝土冻融损伤模型和寿命预测模型，为天然浮石混凝土在内蒙古地区的利用提供参考。

3.1 试验概况

3.1.1 试验材料及配合比设计

选用第 2 章中 2.1 节中的原材料进行配合比设计，试件配合比及性能见表 3-1。制作冻融循环试样 100mm×100mm×400mm。

表 3-1 天然浮石混凝土配合比与性能

组别	水泥 (kg)	水 (kg)	浮石 (kg)	河砂 (kg)	粉煤灰 (kg)	减水剂 (g)	引气剂 (g)	F_{28d} (MPa)
A	304	172	562	869	76	7.6	0	21.5
B	320	168	550	857	80	8.0	0	25.1
C	360	180	530	846	90	9.0	0	33.8
D	360	180	530	846	90	9.0	45	30.9
E	360	180	530	846	90	9.0	90	28.7

3.1.2 试验方法

快速冻融试验依照《普通混凝土长期性能和耐久性能试验方法标准》（GB/T 50082—2009）进行。每组 3 个试件，在 95％湿度、20℃条件下养护 24d 后放入（20±2)℃的水中浸泡 4d，然后放入试件盒内并向试件盒内注水，将试件盒放入冻融箱（图 3-1)内的试件架上，开始冻融循环试验。每隔 25 次冻融循环周期完成后取出试件进行测试，利用超声检测分析仪（图 3-2）和电子秤测量其波速的平均值和质量，并按式（3-1）和式（3-2）计算其相对动弹性模量以及质量损失率，直至冻融循环 200 次或者达到规范所要求的条件而破坏为止。

$$P_n = \frac{v_n^2}{v_0^2} \times 100 \tag{3-1}$$

$$\Delta W_n = \frac{W_0 - W_n}{W_0} \times 100 \tag{3-2}$$

式中，P_n（％）为 n 次冻融循环后试件的相对动弹性模量；v_0 为试件初始时的波速；v_n 为试件经 n 次冻融循环后的波速；ΔW_n（％）为 n 次冻融循环后试件的质量损失率；W_0 为试件初始质量；W_n 为试件经 n 次冻融循环后的质量。

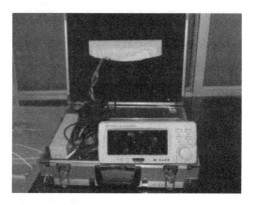

图 3-1　快速冻融试验机　　　　图 3-2　武汉岩海超声检测分析仪

3.2　天然浮石混凝土冻融损伤变化规律

3.2.1　质量损失率

图 3-3 所示为天然浮石混凝土质量损失率随冻融循环次数的变化图，从图中可以看出，各组天然浮石混凝土的质量损失率以冻融循环 50 次为拐点先降后升。冻融循环 50 次是混凝土质量损失率曲线的一个转折点，标志着混凝土性能劣化的开始。混凝土在转折点之前质量有所增长的主要原因是冻融循环前期破坏性反应还未完全进行，其形成的破坏拉力还未达到混凝土自身的强度，混凝土表面尚未剥落。同时，冻融循环过程中温度的升降使得混凝土孔隙中的气体排出，被液体填充，混凝土质量有所增加。

对比 A、B、C 三组天然浮石混凝土，质量损失率随强度等级的提高而减小，冻融循环 200 次后，混凝土的质量损失率分别为 3.90％、3.59％、2.08％。D 组掺入了引气剂，其质量损失率的增长速度比同强度等级的 C 组要缓慢且质量损失率更低，冻融循环 200 次后为 1.83％，这是因为引气剂在混凝土内部产生了大量封闭气泡，阻断了部分连通的毛细孔，缩小了浮石混凝土气泡间距，减小了静水压力，提高了抗冻性。E 组在冻融循环 200 次时的质量损失率为 2.20％，较 D 组更大，这是因为 E 组掺入了过量的引气剂，产生了过多的气泡，从而减小了截面有效受力面积，造成混凝土强度降低，抗冻性变差。

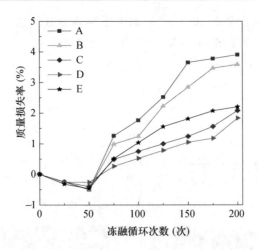

图 3-3　质量损失率随冻融循环次数的变化

3.2.2　相对动弹性模量

各组试件的相对动弹性模量随冻融循环次数的变化如图 3-4 所示。由图 3-4 可知，天然浮石混凝土相对动弹性模量在冻融循环 50 次之前略微增加，之后随着冻融循环次数的增加而降低。相对动弹性模量变化曲线的转折点同样为冻融循环 50 次。混凝土的相对动弹性模量在转折点之前有所增加，主要是因为天然浮石混凝土孔隙率大，在早期冻融循环过程中，混凝土孔隙吸水速率大，从而在孔隙内壁形成致密的界面层，使相对动弹性模量有所上升。

对比 A、B、C 三组天然浮石混凝土，强度等级越高，相对动弹性模量下降速度越慢。冻融循环分别为 150 次、175 次时，A、B 组的相对动弹性模量为 62.34％、60.47％，此时混凝土基本已经破坏。冻融循环 200 次时，C 组的相对动弹性模量为 65.26％，此时混凝土还未完全破坏。D 组和 E 组均掺入了引气剂，冻融循环 200 次时，两组的相对动弹性模量分别为 73.42％、63.25％。相比 C 组，D 组的相对动弹性模量较大而 E 组较小，说明在天然浮石混凝土中加入适量的引气剂可以改善抗冻性，但过量反而会降低抗冻性。

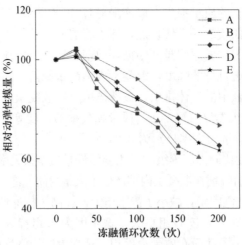

图 3-4　相对动弹性模量随冻融循环次数的变化

对比图 3-3 和图 3-4，当混凝土的相对动弹性模量降至 60% 时，其质量损失率并未到 5%，这说明轻骨料混凝土的相对动弹性模量损伤比质量损失更敏感，所以以用相对动弹性模量作为衡量轻骨料混凝土耐久性评价指标更准确。

3.2.3 浮石骨料对混凝土抗冻性的影响

Powers[59] 提出的混凝土冻融损伤静水压力假说认为，降温过程中混凝土中较大孔隙中的部分溶液最先结冰膨胀，迫使未冻结的溶液向周围孔隙流动，这个过程中必须克服黏滞阻力，因而产生了静水压力，普通混凝土静水压力假说示意图如图 3-5 所示。可以看出，孔隙溶液到相邻的气孔流动距离越短，静水压力越小。为了便于定量讨论气孔之间的距离对抗冻性能的影响，Powers[81] 提出了气泡间距系数 $\overline{L}$ 的概念，用其来表示孔隙溶液迁移至气孔的平均最大距离，即 $\overline{L}$ 越大，静水压力也就越大。

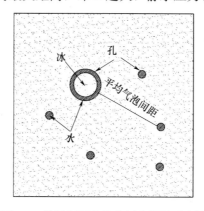

图 3-5　普通混凝土静水压力假说示意图

为了更好地解释浮石骨料对混凝土冻融损伤的影响，根据已有文献[58,82]，给出了普通混凝土（W6、W6A）和天然浮石混凝土（C 组、E 组）的气泡间距系数和最大静水压力，见表 3-2。抗压强度相近时，天然浮石混凝土的气泡间距系数和最大静水压力均小于普通混凝土。天然浮石是一种复杂的多孔材料，与普通混凝土相比，天然浮石混凝土除了水泥石内部的孔隙之外，浮石骨料内部也存在一定的孔隙，这使得混凝土内部的孔隙分布均匀，孔隙间距比普通混凝土更小（图 3-6），从而在降温结冰时孔隙中未冻结溶液向周围孔隙迁移的距离更短，产生的静水压力也更小。

表 3-2　气泡间距系数、最大静水压力及冻融循环寿命

组别	F_{28d}（MPa）	气泡间距系数 $\overline{L}$（μm）	最大静水压力（MPa）	冻融循环寿命（次）
W6	31.19	945	0.233	35
W6A	27.95	521	0.03	——
C 组	33.8	640	0.052	225
E 组	28.7	355	0.007	225

在工程实践中，为提高混凝土抗冻性向混凝土中加入适量的引气剂，其目的是在混凝土中引入更多的微小气泡，缩短混凝土在降温冻结过程中孔隙内的未冻结的孔隙溶液到其他孔隙的流动距离，从而减小静水压力。由此可见，天然浮石混凝土由于其本身的特性，达到了向普通混凝土掺入引气剂一样的效果，因此其抗冻性能较好。

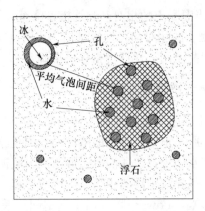

图 3-6　天然浮石混凝土静水压力假说示意图

3.3　天然浮石混凝土冻融疲劳损伤计算模型

3.3.1　冻融疲劳损伤模型

根据静水压力理论[59]，混凝土孔隙内的水在降温结冰过程中产生拉应力，因此可以将混凝土的冻融循环过程等效于拉伸疲劳加载，且应力循环次数与冻融循环次数一致[83]。根据 Aas-Jakobsen[84] 的研究得到混凝土三轴受拉状态下的混凝土的最大应力水平表达式：

$$F_n = \frac{f_{\max}}{f_{t,n}} = 1 - \beta(1-R)\lg(N-n) \tag{3-3}$$

式中，F_n 为冻融循环 n 次的最大应力水平；$f_{\max}$ 为最大静水压力；$f_{t,n}$ 为冻融循环 n 次后的抗拉强度，$n=0$ 时的初始抗拉强度可取为抗压强度的 $1/20$；β 为材料参数；$R = f_{\min}/f_{\max}$，$f_{\min}$ 为最小静水压力；N 为混凝土冻融循环寿命。

当混凝土孔隙中的水未冻结时，混凝土中不会产生拉应力，因此可取 $f_t^{\min}=0$，即 $R=0$。

由式（3-3）得：

$$\frac{F_0}{F_n} = \frac{f_{t,n}}{f_{t,0}} = \frac{1-\beta\lg N}{1-\beta\lg(N-n)} \tag{3-4}$$

式中，F_0 为混凝土未经冻融循环的最大应力水平；$f_{t,0}$ 为混凝土未经冻融循环的抗拉强度。

根据《普通混凝土长期性能和耐久性能试验方法标准》（GB/T 50082—2009）中的规定，n 次冻融循环后混凝土冻融疲劳损伤可表达为

$$D_n = 1 - P_n = 1 - \frac{E_n}{E_0} \tag{3-5}$$

式中，D_n 为经 n 次冻融循环后混凝土试件的冻融疲劳损伤；P_n 为经 n 次冻融循环后混凝土试件的相对动弹性模量；E_n 为混凝土试件冻融循环 n 次后的弹性模量；E_0 为混凝土试件初始弹性模量。

根据式（3-5）以及材料力学混凝土的应力-应变方程 $\sigma = E \cdot \varepsilon$，可得到：

$$f_{t,n} = E_n \cdot \varepsilon_t = P_n \cdot E_0 \cdot \varepsilon_t = P_n \cdot f_{t,0} \tag{3-6}$$

式中，ε_t 为极限抗拉应变。

由式（3-4）～式（3-6）可得混凝土冻融疲劳损伤计算模型：

$$D_n = 1 - \frac{1 - \beta \lg N}{1 - \beta \lg (N-n)} \tag{3-7}$$

3.3.2 确定材料参数 β

根据 GB/T 50082—2009 中的规定，当混凝土相对动弹性模量降至 60% 时，可视为达到破坏，即 $D_n = 0.4$。

当冻融循环次数 $n = N-1$ 时：

$$\beta \approx \frac{D_n}{\lg N} = \frac{0.4}{\lg N} \tag{3-8}$$

式（3-8）为普通混凝土的材料参数。与普通混凝土相比，天然浮石混凝土冻融循环作用下的最大静水压力相对较小，受力状态与普通混凝土有所不同。由于材料参数 β 与混凝土的水胶比、含气量、28d 抗压强度等因素有关，不便于计算，而这些因素又会影响静水压力的大小，因此可以通过静水压力的差异求解材料参数 β，以得到适合天然浮石混凝土的冻融损伤模型。

对比普通混凝土和天然浮石混凝土的最大静水压值、28d 抗压强度以及冻融循环寿命[58,82]（见表 3-2），可以看出当两者的 28d 抗压强度相近时，天然浮石混凝土的最大静水压力约为普通混凝土的 1/5 倍，即 $f_{p,max} = 0.2 f_{c,max}$，$f_{p,max}$ 为天然浮石混凝土最大静水压，$f_{c,max}$ 为普通混凝土最大静水压。

由式（3-6）、式（3-8）可得材料参数 β：

$$\beta = \frac{1 - f_{max}/f_{t,0}}{\lg N} \tag{3-9}$$

由式（3-9）及表 3-2 中的数据可得：

$$\frac{\beta_p}{\beta_c} = \frac{\dfrac{1 - 0.2 f_{c,max}/f_{p,t0}}{\lg N_p}}{\dfrac{1 - f_{c,max}/f_{c,t0}}{\lg N_c}} = 0.8 \tag{3-10}$$

式中，β_p 为天然浮石混凝土的材料参数；β_c 为普通混凝土的材料参数；$f_{p,t0}$ 为天然浮石混凝土的初始抗拉强度；$f_{c,t0}$ 为普通混凝土的初始抗拉强度；N_p 为天然浮石混凝土的冻融循环寿命；N_c 为普通混凝土的冻融循环寿命。

设 X_p 为天然浮石混凝土达到最大冻融循环次数时的相对动弹性模量损伤，令 $\beta_p = \dfrac{X_p}{\lg N_p}$，则有：

$$\frac{\beta_p}{\beta_c} = \frac{X_p/\lg N_p}{0.4/\lg N_c} = 0.8 \tag{3-11}$$

将普通混凝土和天然浮石混凝土的冻融循环寿命代入式（3-11）中可得：

$$X_p = 0.5$$

因此，天然浮石混凝土的冻融损伤方程：

$$D_n = 1 - \frac{0.5\lg N}{\lg N - 0.5\lg\,(N-n)} \tag{3-12}$$

将 A 组、B 组、D 组的试验数据代入式（3-12）中，得到图 3-7。

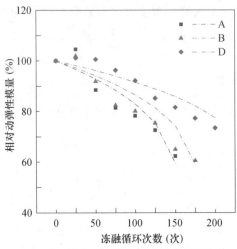

注：点表示试验值，点画线表示计算值。

图 3-7　相对动弹性模量试验值与计算值

由图 3-7 可以看出，三组天然浮石混凝土相对动弹性模量计算值与试验值符合较好，均呈现随冻融循环次数增加而降低的趋势，两者间的误差值相对减小，最大误差在 10% 以内。这表明，使用式（3-12）计算天然浮石混凝土的冻融损伤比较合理。

3.4　天然浮石混凝土在自然环境中冻融循环作用下的寿命预测模型

3.4.1　天然浮石混凝土寿命预测模型

由于自然环境下温度和降温速率是时刻变化的，因此可将自然环境下的冻融循环作用视为由多个不同的连续的冻融循环体系组成。假设自然环境中第 i 个冻融循环体系下混凝土受到的最大拉应力为 $f_{i,\max}$，则在该冻融循环体系下的混凝土最大应力水平为：

$$\frac{f_{i,\max}}{f_{t,0}} = 1 - \beta\lg N_i \tag{3-13}$$

式中：N_i 为自然环境中第 i 个冻融循环体系下混凝土的冻融循环寿命。

由式（3-13）可得到自然环境下冻融循环和实验室环境下快速冻融混凝土的最大拉应力比值 k：

$$k = \frac{f_{\max}}{f_{i,\max}} = \frac{1 - \beta\lg N}{1 - \beta\lg N_i} \tag{3-14}$$

根据静水压力理论[59]，混凝土在冻融循环过程中所受的最大拉应力与降温速率呈正比，所以有：

$$k = \frac{f_{\max}}{f_{i,\max}} = \frac{\theta}{\theta_i} \tag{3-15}$$

式中，θ 为快速冻融循环试验的降温速率，混凝土试件在－（18±2）℃下冷冻 3h，之后在（5±2）℃下融化 1h，因此 $\theta=-\dfrac{18}{180}=-0.1℃/\text{min}$；$\theta_i$ 为自然环境中第 i 个冻融循环体系下的降温速率，℃/min。

结合式（3-14）、（3-15）和天然浮石混凝土材料参数，可以得到天然浮石混凝土在自然环境中第 i 个冻融循环体系下的寿命预测模型：

$$N_i = N^{\frac{0.1+0.5\theta_i}{0.05}} \tag{3-16}$$

基于疲劳损伤累积理论，自然环境下混凝土冻融循环寿命（N_{year}）可以视为由 i 个不同冻融循环体系下冻融循环寿命累加而得到[85]：

$$\frac{1}{N_{\text{year}}} = \frac{1}{N_1} + \frac{1}{N_2} + \cdots + \frac{1}{N_n} = \sum_{i=1}^{n} \frac{1}{N_i} \tag{3-17}$$

3.4.2 天然浮石混凝土寿命预测

为了推广天然浮石混凝土在内蒙古地区水利工程中的应用，本书基于巴彦淖尔市 2018—2019 年冬季每日气温变化情况（图 3-8），对天然浮石混凝土寿命预测进行验证。

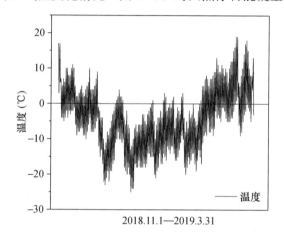

图 3-8 巴彦淖尔 2018—2019 年冬季每日气温变化

选取巴彦淖尔市最低气温低于 0℃ 的自然日，根据式（3-16）、式（3-17），计算出各组天然浮石混凝土在自然环境下冻融循环的使用寿命，结果见表 3-3。天然浮石混凝土的使用寿命随强度的提高而延长；在相同的强度下，加入适量引气剂的 D 组相较于未掺引气剂的 C 组，寿命增加了 10 年左右，而加入了过量引气剂的 E 组寿命较 C 组、D 组明显减少，这表明掺入适量引气剂可以增强混凝土的抗冻性。上述规律与室内试验结论一致。

表 3-3 天然浮石混凝土自然环境下冻融寿命计算值

组别	A	B	C	D	E
寿命（年）	65	84	112	131	50

　　根据李金玉[86]给出的混凝土抗冻安全性定量化设计的初步建议，港口工程、工民建、大型水闸等建筑物的安全性运行年限为 50 年；大坝等重要建筑物的安全性运行年限为 80～100 年。由天然浮石混凝土冻融寿命预测模型计算结果可知，各组混凝土的冻融寿命分别为 65 年，84 年，112 年，131 年和 50 年，满足水工建筑物的使用要求。

4 冻融循环作用下天然浮石混凝土 孔结构动态演变规律研究

针对内蒙古严寒地区的环境，混凝土抗冻耐久性起到至关重要的作用，主要归结于混凝土内部有可溶性的物质在混凝土结构的孔隙和裂隙中不断运移，导致混凝土发生劣化，造成混凝土结构承载力下降，影响结构使用年限。图4-1给出了影响混凝土耐久性的因素，外界环境（气候条件、暴露条件和工作条件）对混凝土孔结构的影响，造成混凝土材料内部的水、气及可溶性物质在孔隙中的不同迁移速度和迁移范围，从而对混凝土造成不同程度的劣化。因此在严寒地区，研究混凝土孔结构的演变规律可以直接反映其抗冻性能。

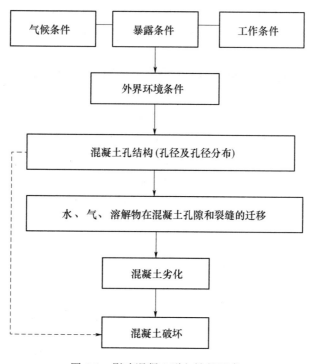

图 4-1 影响混凝土耐久性的因素

本节以天然浮石混凝土为研究对象，以冻融循环次数为变量，研究了冻融循环过程中浮石混凝土的质量损失率和相对动弹模量的变化情况。采用NMR技术测试浮石混凝土的孔隙演化特征，以孔隙率、孔径分布和分形维数为指标对浮石混凝土孔结构进行表征。结合冻融阶段中天然浮石混凝土的渐进失效过程，建立孔隙损伤阈值与天然浮石混凝土冻融损伤的动态实时对应关系。综合宏观和微观角度计算出各级孔隙损伤阈值，可为寒冷地区天然浮石混凝土的孔结构冻融损伤提供理论支持。

4.1 试验概况

4.1.1 试验材料及配合比设计

选用第 2 章中 2.1 节中的原材料和配合比设计。选取 LC20、LC30、LC40 的配合比制备测试孔隙的 ϕ50mm×50mm 圆柱体。

4.1.2 孔结构特征参数测试

为了保证试样中心温度达到冻融温度，制备一个支撑支架放置 ϕ50mm×50mm 圆柱体试样，将试样处于试件盒内中间位置；然后参考快速冻融试验依照《普通混凝土长期性能和耐久性能试验方法标准》（GB/T 50082—2009）进行冻融循环试验，每组 3 个试件，在 95％湿度、20℃条件下养护 24d 后放入（20±2）℃的水中浸泡 4d，每隔 50 次冻融循环周期完成后取出试件，利用核磁共振仪测试不同冻融循环次数后的孔隙率、孔径分布以及孔隙的空间分布，总结整个冻融耐久性失效周期过程孔结构的动态变化规律。

4.2 冻融循环作用下天然浮石混凝土宏观性能变化规律

混凝土质量损失率是衡量其冻融损伤的重要指标之一。图 4-2 所示为天然浮石混凝土的质量损失率随冻融循环次数的变化。由图 4-2 可知，天然浮石混凝土质量损失率随强度等级的提高而降低，并且在 75 次冻融循环后三组天然浮石混凝土质量损失率开始快速增加。其中 LC20 组经过 125 次冻融循环后的质量损失率为 2.86％；LC30 组在 175 次冻融循环后的质量损失率为 3.27％；LC40 组经过 200 次冻融循环后的质量损失率为 3.77％。

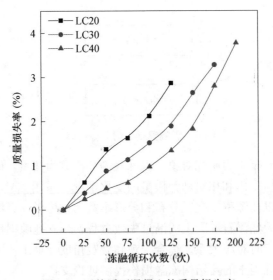

图 4-2 天然浮石混凝土的质量损失率

天然浮石混凝土相对动弹性模量随冻融循环次数的变化如图 4-3 所示，由图 4-3 可知，天然浮石混凝土强度等级越高，其相对动弹性模量下降速率越小。其中，LC20 组在经过 125 次冻融循环后其相对动弹性模量降至 59.4％；LC30 组在 175 次后相对动弹性模量降低至 61.78％；LC40 组的相对动弹性模量在 200 次冻融循环后降至 63.21％。

对比图 4-2 与图 4-3 发现，当混凝土的相对动弹性模量降至初始值的 60％左右时，其质量损失率下降并不明显，均低于 5％。主要是由于浮石骨料表面多孔的特性，水泥砂浆更好地与浮石骨料包裹结合，使得天然浮石混凝土在冻融循环过程中材料表面的剥落现象并不严重，因此质量损失率增长幅度较低。目前已有研究表明，对于内部多孔的天然浮石混凝土，其质量损失率变化并不明显，用于评价混凝土冻融损伤程度会存在偏差[87]，这与本次试验结果所呈现的变化规律相一致。这说明相对动弹性模量对冻融损伤相比于质量损失更为敏感，所以用相对动弹性模量作为衡量天然浮石混凝土抗冻性的评价指标更准确。

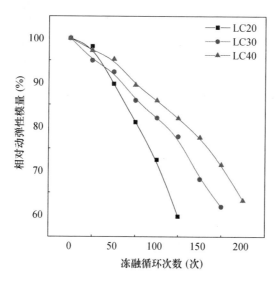

图 4-3　天然浮石混凝土的相对动弹性模量

4.3　冻融循环作用下天然浮石混凝土孔结构演化特征

天然浮石混凝土的孔隙率、孔隙的孔径分布变化可以反映出其在冻融循环作用下试件内部的破坏情况，是衡量混凝土试件破坏程度的重要参数。由于天然浮石混凝土的多孔特性，在冻融循环作用下孔结构变化更为明显，为了更好地建立天然浮石混凝土孔结构变化规律与冻融耐久性渐进损伤的动态实时对应关系，需要对其孔隙率与孔径分布演化特征进行分析。

4.3.1　孔隙率

借助 NMR 测试不同冻融循环次数后天然浮石混凝土的孔隙率变化，如图 4-3 所示。由图 4-3 可知，LC20 组浮石混凝土冻融前的孔隙率为 4.15％，100 次冻融循环后增长至 6.98%，增长幅度最高，且在 50～100 次冻融循环过程中孔隙率快速增加，结合相对动弹模量的衰减规律可知，此阶段 LC20 组天然浮石混凝土劣化迅速，已经接近于破坏状态。LC30 组和 LC40 组天然浮石混凝土的初始孔隙率为 3.176% 和 2.541%，在 150 次冻融循环后分别增长至 6.56% 与 5.96%，增长幅度接近。与 LC20 组相比，LC30 组与 LC40 组天然浮石混凝土的孔隙率在承受更多次的冻融循环后保持着相对稳定的增长速率，并且此时这两组天然浮石混凝土的相对动弹模量依旧维持在相对较高的水平，能满足基本的抗冻性能设计要求。

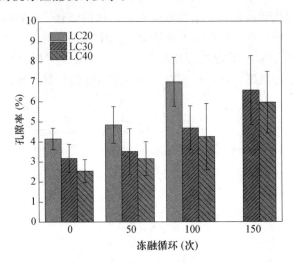

图 4-4　冻融循环作用下天然浮石混凝土的孔隙率变化

4.3.2　孔径分布

结合研究学者提出的孔隙划分依据，将天然浮石混凝土的孔隙分为四类：$r<10nm$ 的凝胶孔；$10nm<r<100nm$ 的过渡孔；$100nm<r<1000nm$ 的毛细孔；$r>1000nm$ 的非毛细孔。

冻融循环作用下天然浮石混凝土的孔径分布曲线如图 4-5 所示。由图 4-5 可知，天然浮石混凝土的孔径分布曲线面积随冻融循环次数的增加而上升，这与孔隙率的上升趋势呈对应关系。分析孔径分布曲线结构可知，天然浮石混凝土均呈现 3 峰结构，分别对应过渡孔、毛细孔和非毛细孔。冻融循环作用虽未引起孔径分布曲线结构发生突变，但还是引起曲线出现明显的起伏变化。随着冻融循环次数的增加，三组天然浮石混凝土的孔径分布曲线的第 1 峰逐渐下移，峰值占比呈减低趋势，对应过渡孔的占比随冻融循环次数的增加逐渐减少，100 次冻融循环后，LC20 组减少了 9.01%；在 150 次冻融循环后，LC30 组和 LC40 组分别减少了 8.61% 和 10.8%。第 2 峰和第 3 峰逐渐右移且峰值占比呈明显上升趋势，对应毛细孔和非毛细孔占比的增加；对于毛细孔，冻融循环后 LC20 组、LC30 组和 LC40 组分别增加了 5.36%、5.92% 和 4.83%；对于非毛细孔，三组天然浮石混凝土非毛细孔占比分别增加了 7.16%、5.93% 和 10.59%。

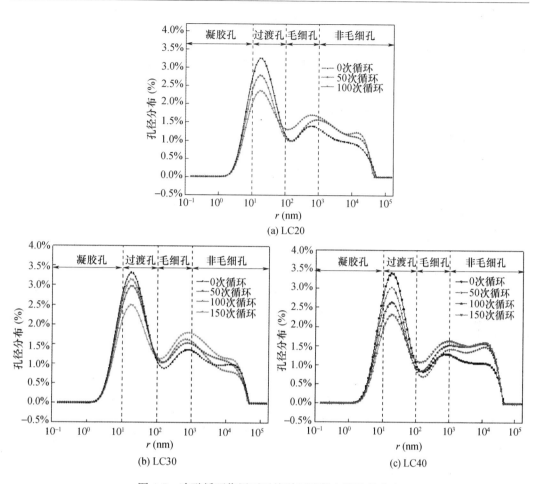

(a) LC20

(b) LC30　　　　　　　　　　　　(c) LC40

图 4-5　冻融循环作用下天然浮石混凝土的孔径分布

以上数据表明，在冻融循环过程中孔隙的演化规律主要集中在小孔隙向大孔隙扩展转化。如图 4-6（静水压力示意图）所示，在冻结后，受离子浓度影响，天然浮石混凝土小孔中的孔隙水维持初始状态。而大孔中的孔隙水会发生相变出现冻胀，对孔隙中的未冻水产生挤压作用，迫使未冻水向相邻孔隙迁移形成静水压力。受静水压力持续作用

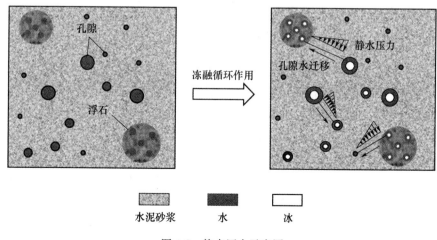

图 4-6　静水压力示意图

的影响，混凝土会发生受拉破坏，随冻融循环次数的增加，过渡孔逐渐扩张连通，向毛细孔和非毛细孔演化，削弱天然浮石混凝土的抗冻性能。这种演化特征主要归纳于，浮石骨料是一种蜂窝状的多孔材料，在水灰比接近的前提下天然浮石混凝土孔隙率较高，且集中于小毛细孔部分，在冻融循环过程中出现冻结的区域更多，产生静水压力的微区更多，因此这种规律在天然浮石混凝土领域更为明显。

4.3.3 分形维数

已有研究表明孔隙分形维数可表征混凝土孔体积空间的复杂程度，可结合分形理论以及混凝土的孔隙占比变化情况，对冻融作用下天然浮石混凝土孔结构的演化特征进行分析。根据盒维数的计算方法[87]，可计算天然浮石混凝土的孔体积分形维数，如式（4-1）所示：

$$\lg S = (3-D)\left(\lg \frac{r}{r_{\max}}\right) \tag{4-1}$$

其中：S 为孔体积分数；D 为孔体积分形维数；$r_{\max}$ 为最大孔径，nm。

令 $\lg S = y$，$\lg(r/r_{\max}) = x$，通过建立线性回归方程，可得到基于孔径分布的天然浮石混凝土孔体积分形维数 D，计算结果如表 4-1 所示。根据表 4-1 的计算结果可知，天然浮石混凝土试样的各级孔隙的 D 值都处于 2～3 之间，在三维空间内具备分形特征，符合 Menger 海绵模型中的 D 值区间。其中凝胶孔 D 值在 2.06～2.12 之间，过渡孔的 D 值在 2.41～2.43 之间，天然浮石混凝土冻融前后凝胶孔和过渡孔的 D 值比较稳定。静水压力会引起过渡孔向毛细孔、非毛细孔演化，孔隙分布密度疏散并会降低过渡孔的孔隙复杂度。但是冻结过程中，混凝土内部冻结的区域不断增多，形成静水压力的区域随之增多使得试样内部出现新的微小孔隙，孔结构在一定程度上又趋于复杂，因此过渡孔的 D 值保持在稳定的区间内。对于毛细孔和非毛细孔的 D 值则出现了较为明显的下降，D 值的最大变化量达到了 0.08。结合孔径分布变化可知，在静水压力的作用下，冻融后的毛细孔和非毛细孔的占比更高，孔结构逐渐简单化，使得 D 值逐渐降低。

表 4-1 天然浮石混凝土的孔体积分形维数

组别	孔隙半径 r	冻融前	冻融后
LC20	$r<10$nm	2.12	2.09
	10nm$<r<$100nm	2.42	2.42
	100nm$<r<$1000nm	2.86	2.79
	$r>$1000nm	2.94	2.89
LC30	$r<10$nm	2.10	2.06
	10nm$<r<$100nm	2.43	2.42
	100nm$<r<$1000nm	2.87	2.80
	$r>$1000nm	2.92	2.90
LC40	$r<10$nm	2.08	2.06
	10nm$<r<$100nm	2.43	2.41
	100nm$<r<$1000nm	2.88	2.80
	$r>$1000nm	2.91	2.86

4.4 冻融循环作用下天然浮石混凝土孔结构损伤阈值

4.4.1 孔结构损伤阈值参数的确定

天然浮石混凝土的冻融损伤是不可逆的累积损伤，并伴随着微观孔结构的劣化。在微观尺度的冻融损伤研究中，已有的研究大多仅限于对孔结构的演化特征分析，以孔结构参数为评价指标的定量分析还没有统一的结论。Wang 等[88]提出了一种孔隙成长系数 C_{gp}，可表征孔隙结构的劣化程度，并建立了统一的孔隙结构劣化方程如式（4-2）所示：

$$C_{gp} = \frac{p_{gi}}{p_{g0}} \cdot \frac{p_{fi}}{p_{f0}} \cdot \frac{p_{ci}}{p_{c0}} \cdot \frac{p_{ni}}{p_{n0}} \cdot \left(\frac{p_i}{p_0}\right)^4 \tag{4-2}$$

其中，p_{gi}、p_{fi}、p_{ci}、p_{ni} 和 p_i 分别表示凝胶孔、过渡孔、毛细孔、非毛细孔和天然浮石混凝土试样整体在 i 次冻融循环后的孔隙率。

C_{gp} 的计算值如表 4-2 所示，分析表 4-2 中数据可知，三组天然浮石混凝土冻融后的 C_{gp} 值大小关系为 LC40＞LC30＞LC20，说明天然浮石混凝土的水灰比越低，混凝土孔结构的抗劣化能力越好，这与前文的分析结论相一致。

表 4-2   不同冻融循环次数下天然浮石混凝土的 C_{gp} 值

冻融循环	组别		
	LC20	LC30	LC40
0	1	1	1
50	3.01	2.25	4.92
100	59.59	23.33	51.92
150	—	321.79	726.78

混凝土孔结构的劣化直接导致宏观性能的衰减，两者存在明显的响应关系，根据图 4-7 可知，三组天然浮石混凝土的曲线均存在明显的拐点（如图 4-7 中标记所示）。即 LC20 天然浮石混凝土的孔结构劣化损伤集中在 50～100 次区间内，LC30 天然浮石混凝土的孔结构劣化损伤集中在 100～150 次区间内。因此对于孔结构的劣化损伤，三组天然浮石混凝土的冻融循环次数均存在临界值。仅凭借孔结构的试验数据难以确定冻融循环次数的临界值，可结合图 4-3 的混凝土相对动弹模量变化曲线分析，可知 LC20、LC30 和 LC40 分别在 75 次、125 次和 125 次冻融循环后相对动弹模量衰减速率加快，则可推知，LC20、LC30 和 LC40 在 75 次、125 次和 125 次冻融循环后孔结构的劣化损伤达到阈值。

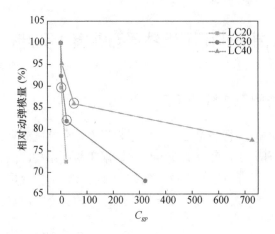

图 4-7　天然浮石混凝土的 C_{gp} 与相对动弹模量关系图

4.4.2　建立孔结构损伤阈值模型

　　三次样条插值函数是一种计算简便、数值稳定性好，插值曲线具有较好的光滑性以及可靠的稳定性的计算方法[89]，为能准确预测冻融循环作用下混凝土各级孔隙占比的动态变化，并定量表征孔结构劣化损伤阈值，利用三次样条插值函数建立模型是可行的。

　　设区间 $[a, b]$ 上有 $n+1$ 个节点，对于给定节点 $a = x_0 < x_1 < \cdots < x_n = b$，以及对应节点上的函数值 $f(x_j) = y_j$ $(j = 0, 1, \cdots, n)$，如表 4-3 所示。

表 4-3　三次样条插值函数参数对应表

x_i	x_0	x_1	$\cdots$	x_n
y_i	y_0	y_1	$\cdots$	y_n

　　若函数 $S(x)$ 定义在区间 $[a, b]$ 上，给定 $n+1$ 个节点和一组与之对应的函数值，且函数满足：（1）$S(x_j) = y_i$ $(j = 0, 1, \cdots, n)$；（2）在区间 $[a, b]$ 上有连续的二阶导数；（3）$S(x)$ 在子区间 $[x_j, x_{j+1}]$ 上为三次多项式。以区间 $[x_j, x_{j+1}]$ 为例，$S(x)$ 的二阶导数 $S''(x) = M_j$ $(j = 0, 1, 2, \cdots, n)$，则该区间上 $S(x)$ 的三次样条插值函数为：

$$S(x) = M_j \frac{(x_{j+1} - x)^3}{6h_j} + M_{j+1} \frac{(x - x_j)^3}{6h_j} + (y_j - \frac{M_j h_j{}^2}{6h_j}) \frac{x_{j+1} - x}{6h_j} +$$

$$(y_{j+1} - \frac{M_{j+1} h_j{}^2}{6}) \frac{x - x_j}{6}, \quad j = 0, 1, \cdots, n-1 \tag{4-3}$$

　　若令 $\mu_j = (h_j - 1)/(h_{j-1} + h_j)$，$\lambda_j = h_j/(h_{j-1} + h_j)$，$d_j = 6f[x_{j-1}, x_j, x_{j+1}]$，则：

$$\begin{bmatrix} 2 & \lambda_0 & \mu & & \mu_1 \\ \mu_1 & 2 & \lambda_1 & & \\ & \ddots & \ddots & \ddots & \\ & & \mu_{n-1} & 2 & \lambda_{n-1} \\ \lambda_n & & & \mu_n & 2 \end{bmatrix} \begin{bmatrix} M_0 \\ M_1 \\ \vdots \\ M_{n-1} \\ M_n \end{bmatrix} = \begin{bmatrix} d_0 \\ d_1 \\ \vdots \\ d_{n-1} \\ d_n \end{bmatrix} \tag{4-4}$$

基于 NMR 测定的孔隙占比数据，作为三次样条插值函数的已知数据构建模型。由式（4-4）可得孔隙占比和冻融循环次数的函数模型，模型表达式如表 4-4 所示。

表 4-4　天然浮石混凝土孔隙损伤阈值模型

组别	孔隙类别	模型表达式
LC20	凝胶孔	$y=\begin{cases} 5.55\times10^{-21}x^3-3.2\times10^{-5}x^2-0.0314x+14.07 & (0,50) \\ -3.2\times10^{-5}(x-50)^2-0.0346x+12.42 & (50,100) \end{cases}$
	过渡孔	$y=\begin{cases} 4.92\times10^{-4}x^2-0.142x+40.41 & (0,50) \\ 4.92\times10^{-4}(x-50)^2-0.0928(x-50)+34.54 & (50,100) \end{cases}$
	毛细孔	$y=\begin{cases} 6.56\times10^{-4}x^2-0.012x+20.68 & (0,50) \\ 6.56\times10^{-4}(x-50)^2+0.0536(x-50)+21.72 & (50,100) \end{cases}$
	非毛细孔	$y=\begin{cases} -4.368\times10^{-4}x^2+0.115x+25.1 & (0,50) \\ -4.368\times10^{-4}(x-50)^2+0.0712(x-50)+29.75 & (50,100) \end{cases}$
LC30	凝胶孔	$y=\begin{cases} -8.25\times10^{-6}x^3+0.0018\times10^{-5}x^2-0.1022x+14.35 & (0,50) \\ -8.25\times10^{-8}(x-50)^3+5.34\times10^{-4}(x-50)^2+0.0131(x-50)+12.64 & (50,100) \\ -8.25\times10^{-8}(x-100)^3-7.04\times10^{-4}(x-100)^2+0.0046(x-100)+13.6 & (100,150) \end{cases}$
	过渡孔	$y=\begin{cases} -1.65\times10^{-5}x^3+0.0033x^2-0.1861x+40.27 & (0,50) \\ -1.65\times10^{-5}(x-50)^3+8.58\times10^{-4}(x-50)^2+0.0233(x-50)+37.23 & (50,100) \\ -1.65\times10^{-5}(x-100)^3-0.0016(x-100)^2-0.0145(x-100)+38.48 & (100,150) \end{cases}$
	毛细孔	$y=\begin{cases} 4.37\times10^{-6}x^3-0.001x^2+0.939x+19.2 & (0,50) \\ 4.37\times10^{-6}(x-50)^3-3.6\times10^{-4}(x-50)^2+0.0251(x-50)+21.9 & (50,100) \\ 4.37\times10^{-6}(x-100)^3+2.96\times10^{-4}(x-100)^2+0.03(x-100)+22.8 & (100,150) \end{cases}$
	非毛细孔	$y=\begin{cases} 2.027\times10^{-5}x^3-0.004x^2+0.1937x+26.18 & (0,50) \\ 2.027\times10^{-5}(x-50)^3-0.001(x-50)^2-0.061(x-50)+28.23 & (50,100) \\ 2.027\times10^{-5}(x-100)^3+0.002(x-100)^2-0.0119(x-100)+25.14 & (100,150) \end{cases}$
LC40	凝胶孔	$y=\begin{cases} 5.33\times10^{-8}x^3-4.6\times10^{-5}x^2-0.025x+14.81 & (0,50) \\ 5.33\times10^{-8}(x-50)^3-3.8\times10^{-5}(x-50)^2-0.0292(x-50)+13.45 & (50,100) \\ 5.33\times10^{-8}(x-100)^3-3\times10^{-5}(x-100)^2-0.0326(x-100)+11.9 & (100,150) \end{cases}$
	过渡孔	$y=\begin{cases} 4.8\times10^{-7}x^3-1.8\times10^{-4}x^2-0.1098x+40.58 & (0,50) \\ 4.8\times10^{-7}(x-50)^3+2.52\times10^{-4}(x-50)^2-0.0882(x-50)+35.6 & (50,100) \\ 4.8\times10^{-7}(x-100)^3+3.24\times10^{-4}(x-100)^2-0.0594(x-100)+31.88 & (100,150) \end{cases}$
	毛细孔	$y=\begin{cases} -4.21\times10^{-6}x^3+0.0013\times10^{-4}x^2-0.0729x+18.16 & (0,50) \\ -4.21\times10^{-6}(x-50)^3+7\times10^{-4}(x-50)^2+0.0287(x-50)+35.6 & (50,100) \\ -4.21\times10^{-6}(x-100)^3+6.8\times10^{-5}(x-100)^2+0.0671(x-100)+19.98 & (100,150) \end{cases}$
	非毛细孔	$y=\begin{cases} 3.92\times10^{-6}x^3-0.0015x^2+0.2113x+26.45 & (0,50) \\ 3.92\times10^{-6}(x-50)^3-9.38\times10^{-4}(x-50)^2+0.0881(x-50)+33.69 & (50,100) \\ 3.92\times10^{-6}(x-100)^3-3.5\times10^{-4}(x-100)^2+0.0237(x-100)+36.24 & (100,150) \end{cases}$

其中，y 为孔隙占比，x 为冻融循环次数。

4.4.3 孔结构损伤阈值模型的验证

根据式（4-4）可得到各组天然浮石混凝土的孔隙占比与冻融循环次数的函数模型，并计算出各级孔隙的孔隙占比。图 4-8 为模型的计算结果，根据图 4-8 中天然浮石混凝土的孔隙占比预测结果可知，计算误差值在 5％之内，说明三次样条插值函数模型对于本研究的试验数据具有良好的准确性。

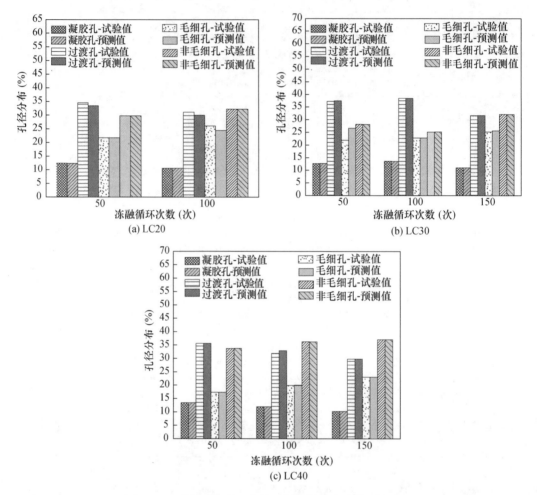

图 4-8　冻融循环作用下天然浮石混凝土孔隙占比预测图

为了进一步提高研究的普遍性，本文还收集和分析了其他文献中的一些数据，具体试验参数如表 4-5 所示。分别参考文献[90-93]中部分试样的孔隙演化特征，验证本研究建立的三次样条插值函数模型的适用性。受限于部分文献对于 $r<100nm$ 的孔隙划分与本研究并不统一，本文选择合并该部分孔隙占比数据，与本研究建立的模型数据相对比，验证结果如图 4-9 所示。分析可知，本研究建立的模型与其他研究的试验数据误差值在 13％以内，具有一定的适用性，与参考文献中的试验数据契合度较高。但是对文献[93] 中的 S-C 试样预测并不理想，对于 $r<100nm$ 和 $r>1000nm$ 的孔隙预测误差值接近 30％，这是由于该试样的水灰比过高，与本研究数据差距过大，因此超出了本模型的预测范围。综合分析，本研究建立的模型具备一定的普遍性，但是模型的预测精度易受试样的水灰比影响。

表 4-5　参考文献中的试验参数

样品编号	样品特征	水灰比	冻融介质	冻融循环次数
AEC[90]	加气混凝土	0.36	清水	150
Ref-FT[91]	普通水泥砂浆	0.5	清水	25
D-0[91]	硅灰水泥砂浆	0.5	清水	25
A-0%[92]	风积沙混凝土	0.48	清水	75
S-C[93]	砂岩-混凝土	0.67	清水	20

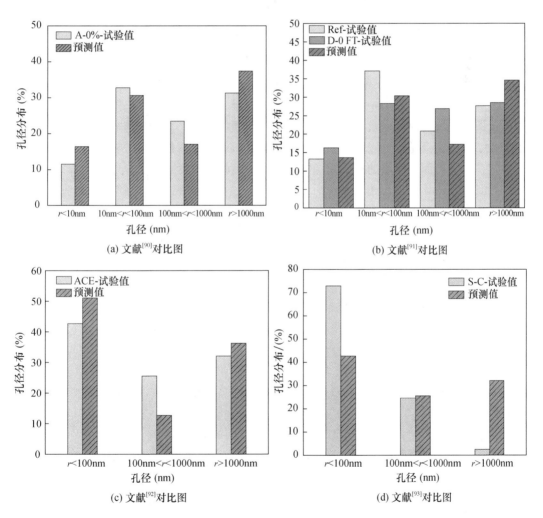

图 4-9　模型与试验数据的对比图

4.4.4 量化孔结构损伤阈值

通过对上述三次样条插值函数模型的验证，表明三次样条插值函数可准确预测冻融循环作用下天然浮石混凝土各级孔隙的占比情况。表 4-6 为利用该模型计算 LC20、LC30 和 LC40 组天然浮石混凝土在 75 次、125 次和 150 次冻融循环后的孔隙损伤阈值，从微观尺度对天然浮石混凝土孔结构冻融损伤进行了定量分析，为天然浮石混凝土在冻融环境下的孔结构冻融损伤提供可行的量化分析方法。

表 4-6 天然浮石混凝土的孔隙损伤阈值

组别	孔隙类型	损伤阈值（%）
LC20	毛细孔	23.5
	非毛细孔	32.6
LC30	毛细孔	24.4
	非毛细孔	26.4
LC40	毛细孔	21.6
	非毛细孔	36.7

天然浮石混凝土作为一种性能良好的轻质混凝土，在寒冷地区已经被逐渐应用于民用建筑保温、坝体衬砌以及渠道衬砌等诸多工程领域之中。本研究建立的冻融循环作用下的孔结构损伤模型，可以适用于多种混凝土材料的孔隙损伤定量分析，具有一定的适用性，并且由此而计算出的孔隙损伤阈值具有一定的可信度。在研究过程中发现，当天然浮石混凝土的孔隙损伤达到阈值后，在宏观角度可观察到相对动弹模量的快速衰减，在微观角度可观察到浮石混凝土的孔结构快速劣化，严重影响天然浮石混凝土的抗冻性能。对于在寒冷地区的浮石混凝土结构，目前对其抗冻性能的评价仍大多局限于对力学性能的分析，缺少对于浮石混凝土材料的孔结构的变化情况的记录。应结合本研究中所提出的孔隙损伤阈值，从宏观和微观角度综合考虑浮石混凝土的冻融损伤程度，可为实际工程中预防天然浮石混凝土结构发生冻融破坏提供可靠的理论基础。

5 低温下饱水浮石骨料孔结构动态变化规律研究

浮石是一种由火山喷发形成的轻质多孔材料，具有高孔隙率、耐腐蚀、低弹性模量的特点，可作为粗骨料制备天然浮石骨料混凝土。与普通混凝土相比，浮石本身多孔的特性使得天然浮石混凝土具有孔隙分布均匀、吸水率高等多孔介质材料的特点。低温饱水状态下，浮石骨料不同孔径中的水冰转化直接影响其宏观性能。因此，可以采用浮石骨料内部含水量的信号，表征不同温度下浮石骨料孔隙结冰过程中孔结构的变化。

本章采用宏观性能分析与核磁共振测试分析相结合的研究方法，以饱水状态浮石骨料为研究对象，以负温温度为研究参数，进行单轴抗压强度、弹性模量、孔结构未冻水的测试，分析浮石骨料的力学性能和孔结构特征参数的变化规律，探讨不同温度对饱水浮石骨料孔结构的响应机理。

5.1 试验概况

5.1.1 试验材料

浮石骨料采用呼和浩特市武川县。

5.1.2 试验方案设计

（1）低温饱水状态浮石骨料试样制备

用真空饱水仪（图 5-1）对浮石骨料试件进行饱水处理，真空压力值 0.1MPa，边抽真空边饱和，抽完后将试块放入蒸馏水中浸泡 24h；为避免试件的孔隙水流失，利用生料带对试样进行水下包裹［见图 5-2（a）］；为防止试样底部滞留水造成结冰分布不合理，将试件置于装水的容器中［见图 5-2（b）］再进行降温处理，试样结冰示意图如图 5-2（c）所示。将包裹生料带的试件置于高低温交变湿热试验箱（图 5-3），在 0℃、−5℃、−10℃、−15℃、−20℃温度下冷冻处理 24h，使试件中心温度达到对应温度。

图 5-1 真空饱水仪

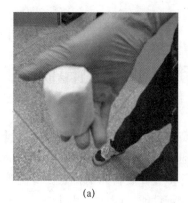  

(a)　　　　　　　　　　　　(b)　　　　　　　　　　　　(c)

图 5-2　低温饱水浮石骨料试样示意图

图 5-3　高低温交变湿热试验箱

（2）力学性能试验和孔结构试验

力学性能试验：按照《水利水电工程岩石试验规程》（DL/T 5368—2007）测试其力学性能。浮石骨料试件尺寸为高径比100mm×50mm的圆柱体，取出低温饱水浮石骨料试件进行试验，每3个试样为一组，合计18个，具体分组见表5-1。

表 5-1　低温下浮石骨料力学性能试验

温度（℃）	试件数量（件）	尺寸（mm×mm）
20	3	$\phi50\times100$
0	3	$\phi50\times100$
−5	3	$\phi50\times100$
−10	3	$\phi50\times100$
−15	3	$\phi50\times100$
−20	3	$\phi50\times100$

孔结构试验：制作尺寸为 $\phi50mm\times50mm$ 的圆柱体浮石骨料试件，将冷冻处理后的试件放入核磁共振仪，调节变温系统至 0℃、−5℃、−10℃、−15℃、−20℃，测试不同温度下试件的孔隙率、核磁共振 T_2 谱。降温至−20℃后，利用变温系统进行升温，仍按照上述方法每升高 5℃测试试件的孔隙率和核磁共振 T_2 谱。依据 2.1.3 节的方法，经过转换得出浮石骨料的 N 值取 0.1，将 N 值代入式（2-3）中，即完成核磁共振 T_2 谱转换为孔隙孔径。

5.2　低温下饱水浮石骨料宏观性能的研究

5.2.1　浮石骨料力学特征变化规律

图 5-4 所示为低温下浮石骨料的单轴抗压强度变化。从图中可以看出，饱水后的浮石骨料在 20℃与 0℃时的单轴抗压强度只增加 0.04MPa，说明此阶段浮石骨料内部孔隙水未出现大范围冻结；温度降低到−5℃时，单轴抗压强度增加 1.93MPa，此阶段浮石骨料一部分孔隙水冻结成冰，使浮石骨料的单轴抗压强度有所增长；到−20℃时，浮石骨料单轴抗压强度比 20℃时的单轴抗压强度增加约 5MPa，此时浮石骨料单轴抗压强度的增长可归因于孔隙冰的大量形成。

图 5-5 所示为低温下浮石骨料的弹性模量变化。从图中可以看出，低温下浮石骨料弹性模量变化趋势和低温下单轴抗压强度变化趋势相似：20℃到 0℃时，弹性模量变化的幅度并不大，其增量为 0.01GPa；0℃到−15℃时，其弹性模量增量为 0.05GPa，此阶段弹性模量增长幅度较大；−15℃到−20℃时，浮石骨料弹性模量的增量为 0.2GPa，因为浮石骨料孔隙大，饱和水在−20℃环境下冷冻后，浮石骨料的孔隙水绝大部分会冻结，此时浮石骨料弹性模量的增长是由于孔隙冰的大量形成导致的。

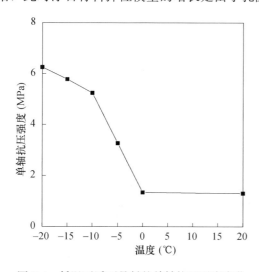

图 5-4　低温下浮石骨料的单轴抗压强度变化

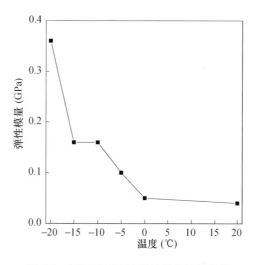

图 5-5　低温下浮石骨料的弹性模量变化

5.2.2 浮石骨料应力-应变曲线

图 5-6 所示为低温下浮石骨料的应力-应变曲线。由图（a）可以看出，浮石骨料的峰值应变随着温度的降低先增大后逐渐减小：由 20℃降温至－10℃时，峰值应变由 0.018 增大到 0.061；－10℃降低到－20℃时，其峰值应变由 0.061 减小到 0.032。降温过程中，浮石骨料应力-应变曲线弹性变形阶段的斜率逐渐增大，这是因为浮石骨料孔隙水随温度降低逐渐结冰，冰的存在会提升浮石骨料的弹性性能。从应力-应变曲线的发展趋势看出，浮石骨料的应变随应力的增长并不是很光滑，归结于浮石骨料内部孔隙分布和孔隙结冰的不均匀性。

图 5-6（b）所示，浮石骨料的应力-应变曲线随着温度变化而不同，可以分成四个阶段：第一阶段为压密阶段（Ⅰ），此阶段浮石骨料孔隙及裂隙在外部荷载作用下被压实闭合，且孔隙结冰越多，斜率越大；第二阶段为线性变形阶段（Ⅱ），此阶段曲线斜率接近常数，应变随应力的增大而增加，曲线斜率随温度的降低而增大；第三个阶段为塑性变形阶段（Ⅲ），浮石骨料内部孔隙及裂隙由于外部荷载的增大而扩张贯通，此阶段应力增长缓慢，应变增长较快，曲线斜率较小；第四阶段为应变软化阶段（Ⅳ），浮石骨料出现宏观裂缝，此阶段曲线斜率为负。随着温度降低，浮石骨料内部孔隙水逐渐冻结，天然浮石材质的塑性性能减小，弹性性能上升。

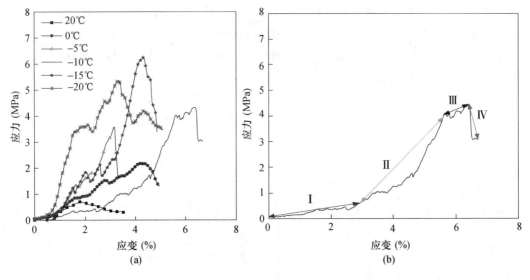

图 5-6　低温下浮石骨料应力-应变曲线

5.3　低温下饱水浮石骨料孔结构变化规律分析

5.3.1　温度变化对孔隙度的影响

由于浮石骨料孔隙度离散较大，通过取样测试浮石骨料试样孔隙度在 5%～48%范围内，为方便分析，将孔隙度大于 20%的浮石骨料称为多孔天然浮石骨料试件；将孔隙度小于 20%的浮石骨料称为少孔天然浮石骨料试件。

本节以 20℃温度时的浮石骨料试样孔隙度为初始值。图 5-7（a）所示为多孔浮石骨料在不同温度下的孔隙度变化，其初始孔隙度为 45%，降温过程中，孔隙度的变化可分为三个阶段：平缓变化阶段、快速下降阶段及平稳阶段。20～0℃时，浮石骨料的孔隙度减小约 3%，此阶段浮石骨料内部孔隙水大部分处于过冷状态，为浮石骨料孔隙度平缓变化阶段；0～−10℃时，孔隙度减小，减小幅度为 37%，此时浮石骨料孔隙水开始结冰，属于孔隙度快速下降阶段；−10～−20℃时，此时温度段孔隙度减小幅度为 5% 左右，孔隙度变化较为平缓。升温过程中，−20℃升高至−15℃时，孔隙度基本无变化；−15℃升高至−10℃时才出现孔隙度明显增长，其增长幅度为 5% 左右；当温度上升到−10℃以上时，多孔浮石骨料的孔隙度增长幅度大，此温度段多孔浮石骨料孔隙中的冰开始大量融化转变为孔隙水；当升温至 20℃时，多孔浮石骨料孔隙冰全部融化，孔隙度恢复为初始状态。

图 5-7（b）所示为少孔浮石骨料在不同温度下的孔隙度变化，20℃时的孔隙率为 17%，在温度降低过程中变化趋势与多孔浮石骨料的孔隙变化相似，即存在平缓变化阶段（20～0℃）、快速下降阶段（0～−10℃）及平稳阶段（−10～−20℃）；升温过程中，在−10～0℃的温度段内，少孔浮石骨料的孔隙度恢复曲线和温度下降段的孔隙变化曲线相差较大；当温度恢复到 20℃时，少孔浮石骨料中的冰全部融化，孔隙度恢复为初始状态。

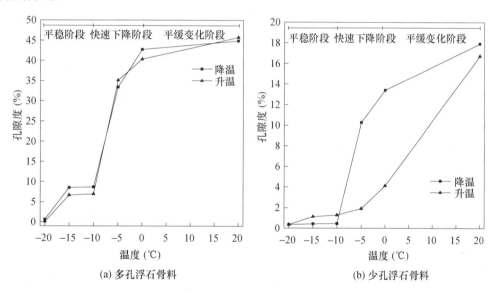

(a) 多孔浮石骨料 (b) 少孔浮石骨料

图 5-7　浮石骨料在不同温度下的孔隙度变化

综上所述，多孔浮石骨料在升温与降温过程中孔隙度差异性相对较小，少孔浮石骨料在降温和升温两个过程中，孔隙度的差异性较大。为避免试验的离散性，减小试验误差，在力学性能试验中主要采用多孔浮石骨料作为研究对象。

5.3.2　降温过程中浮石骨料孔径分布变化规律

核磁共振 T_2 谱可以直观地表示浮石骨料孔隙中流体分布，核磁共振 T_2 谱分布积分面积的变化能够反映混凝土孔隙体积的变化。结合压汞法得出的孔隙孔径分布图，通过孔隙孔径分布图积分面积的变化便可直观地进行孔体积变化分析。

利用式（2-3）进行转化，得到不同低温下浮石骨料孔隙孔径分布。由 Rakesh Kumar 孔径定义可知[13]：$R<10nm$ 代表凝胶孔；$10nm<R<5000nm$ 代表毛细孔；$R>5000nm$ 代表非毛细孔。将 $10nm<R<5000nm$ 的毛细孔进一步划分：$10nm<R<100nm$ 的毛细孔定义为小毛细孔；$100nm<R<1000nm$ 的毛细孔定义为中等毛细孔；$1000nm<R<5000nm$ 的毛细孔定义为大毛细孔。降温过程中浮石骨料的孔体积见表 5-2。

表 5-2　降温过程中浮石骨料孔结构的变化

类别	温度（℃）	孔体积（mm³）	非毛细孔体积（mm³）	大毛细孔体积（mm³）	中等毛细孔体积（mm³）	小毛细孔体积（mm³）	凝胶孔体积（mm³）
多孔浮石骨料	20	37.79	36.06	0.63	0.60	0.50	0
	0	33.44	27.65	4.22	1.45	0.11	0
	−5	29.15	20.47	5.51	2.62	0.54	0
	−10	6.24	2.018	2.12	1.54	0.63	0
	−15	0.67	0.068	0.27	0.13	0.16	0.05
	−20	0.04	0	0	0.01	0.02	0.01
少孔浮石骨料	20	15.42	0.25	1.60	7.79	5.78	0
	0	14.69	0.34	1.93	7.99	4.41	0
	−5	8.24	0.11	1.42	4.61	2.01	0
	−10	2.92	0.01	0.42	1.56	0.87	0
	−15	1.14	0	0.29	0.49	0.36	0
	−20	0.55	0	0.33	0.20	0.02	0

图 5-8 所示为多孔浮石骨料在降温过程中的孔径分布图。结合表 5-2 可以看出，20℃时，多孔浮石骨料的非毛细孔占 95.4%，远大于毛细孔体积；温度降至 0℃时，总孔体积下降 11.4%，非毛细孔占比降至 82.7%，说明非毛细孔已开始出现结冰现象。温度从 0℃降至 −5℃时，孔体积减小了 22.9%，非毛细孔占比减小至 70.2%，孔径分布右侧的峰面积减小，说明仍是非毛细孔中的水结冰；左侧峰面积出现增大趋势，说明毛细孔占比增大，归因于非毛细孔处于水冰二相，因此出现毛细孔体积增大的趋势。当温度从 −5℃降至 −10℃时，孔体积减小 83.5%，孔径分布的右侧峰面积下降明显，左侧峰面积下降幅度较小，表明结冰量增加，并且非毛细孔溶液继续结冰、大毛细孔和中毛细孔中的溶液开始出现结冰现象。当温度从 −10℃降至 −15℃时，孔径分布面积的变化趋于平缓，表明孔体积减小速度减缓；此时孔隙体积下降 98.3%，非毛细孔内水分基本冻结成冰。温度降至 −20℃时，非毛细孔、大毛细孔和中毛细孔水冻结成冰，存在的主要孔隙为小毛细孔，其占比 49.9%（在水冰共存孔隙中，水在持续的低温下冻结成冰，孔体积的膨胀以及水的相变，导致此部分孔的孔径随温度降低而减小），此时凝胶孔占比为 33%。因此，多孔浮石骨料在降温过程中，首先结冰的是非毛细孔中的水溶液；毛细孔溶液在 −10℃时开始结冰，−15℃时结冰速率增加；−15～−20℃时毛细孔溶液基本完全结冰，并形成了凝胶孔。

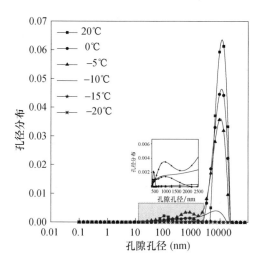

图 5-8　降温过程中多孔浮石骨料孔径分布

图 5-9 所示为少孔浮石骨料在降温过程中的孔径分布图。结合表 5-2 可以看出，常温（20℃）下，毛细孔体积占 98.2％，其中中等毛细孔占比 50.5％，说明少孔浮石骨料孔隙主要是以毛细孔为主。温度降至 0℃时，总孔隙体积减小 4.7％，孔径分布出现小幅度降低，表明孔隙水溶液开始出现结冰现象，但结冰量较少。温度从 0℃降至－5℃的过程中，孔径分布的峰面积出现较大程度的下降，总孔隙体积下降 46.4％，其中非毛细孔和毛细孔体积都出现减小现象，说明非毛细孔和毛细孔溶液在－5℃开始结冰。温度从－5℃降至－10℃的过程中，孔径分布面积减小 81.1％，主要以中等毛细孔溶液结冰为主；当温度从－10℃降至－15℃时，孔隙体积下降 92.5％，非毛细孔全部结冰；降温至－20℃时，孔隙体积下降 96.3％，此时小毛细孔为主要孔隙，说明浮石骨料的孔隙基本被冰所填充。因此，少孔浮石骨料试件在 0℃时开始出现结冰现象；非毛细孔溶液和毛细孔溶液在－10℃结冰速率最高；－15～－20℃温度段内试样孔体积变化趋于平稳。从图 5-9 中的局部放大部分可以看出，少孔浮石骨料的孔径随着温度的降低而减小，温度降低到－15℃后，非毛细孔溶液全部结冰。

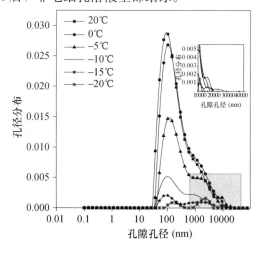

图 5-9　降温过程中少孔浮石骨料孔径分布

5.3.3　升温过程中浮石骨料孔径分布变化规律

图 5-10 所示为升温过程中多孔骨料孔径分布，结合表 5-3（浮石骨料升温过程中孔结构体积）。可以得出，从−20℃升温至−15℃时，凝胶孔体积减小，其他孔径体积增大，说明随着温度的升高孔隙内部冰开始出现部分融化。温度从−15℃升至−10℃时，孔径分布面积的变化趋势并不明显，此阶段的孔体积增量相对较小，表明孔隙冰的融化程度较低；当温度从−10℃升至 20℃时，孔隙孔径分布图恢复为初始状态，表明此时多孔浮石骨料孔隙冰全部融化，孔隙溶液恢复到初始状态。

表 5-3　升温过程中浮石骨料孔结构变化

类别	温度（℃）	孔体积（mm³）	非毛细孔体积（mm³）	大毛细孔体积（mm³）	中等毛细孔体积（mm³）	小毛细孔体积（mm³）	凝胶孔体积（mm³）
多孔浮石骨料	20	37.79	33.92	2.72	0.74	0.41	0
	0	36.02	30.45	3.70	1.46	0.41	0
	−5	28.26	19.39	5.50	2.77	0.56	0
	−10	7.65	3.51	1.91	1.52	0.70	0
	−15	5.49	2.35	1.64	1.32	0.19	0
	−20	0.04	0	0	0.01	0.02	0.01
少孔浮石骨料	20	15.42	0.21	2.26	8.83	4.12	0
	0	13.19	0.17	1.83	7.46	3.72	0
	−5	2.56	0.03	0.65	1.26	0.62	0
	−10	1.59	0.02	0.43	0.85	0.29	0
	−15	0.64	0.01	0.42	0.17	0.04	0
	−20	0.55	0	0.33	0.2	0.02	0

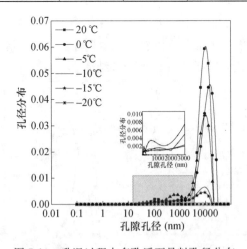

图 5-10　升温过程中多孔浮石骨料孔径分布

图 5-11 所示为升温过程中少孔浮石骨料孔径分布，结合表 5-3 可以看出，温度从−20℃升至−5℃时，孔径分布面积增加，孔隙体积提高了 78.5％，说明非毛细孔与毛细孔的孔隙冰开始融化；孔隙溶液体积增大，归结于孔隙冰随温度升高逐渐开始融化。

当温度从−5℃升至0℃时，孔隙溶液体积增大了80.6%，主要是中等毛细孔孔隙冰融化；当温度从0℃升至20℃时，孔径分布图面积恢复到初始状态，此时少孔浮石骨料孔隙冰全部融化，孔体积恢复为初始状态。综上可知，浮石骨料在升温过程和降温过程中孔体积的变化呈相反趋势。

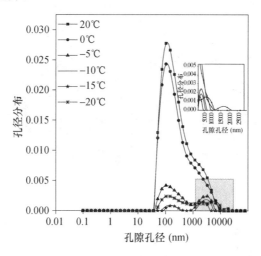

图 5-11　升温过程中少孔浮石骨料孔径分布

5.3.4　温度变化对浮石骨料核磁共振成像的影响

核磁共振技术可检测得到不同负温下浮石骨料的核磁成像图。图 5-12 分别为浮石骨料在 20℃、0℃、−5℃、−10℃、−15℃、−20℃的核磁成像图。图中白色区域为样品中水的信号，其亮度与孔隙中水的多少呈正比，即图像越亮，孔隙中的水越多；黑色区域为浮石骨料或图片底色。由图 5-12（a）可知，20℃时的浮石骨料核磁成像图白色区域较大，充满了整个浮石骨料试件，直观地体现了浮石骨料孔隙率较大和吸水性较好的特点。图 5-12（b）中白色区域亮度较图 5-12（a）略微减弱，区域范围变化不明显，与图 5-12（a）相比较大的白色亮斑逐渐消失，表明 0℃已经开始发生水冰相变，并且最先发生在孔径较大的非毛细孔孔隙中；对比图 5-12（b）、图 5-12（c），图中亮色区域从浮石骨料的外边缘处逐渐向内部扩展，对应外边缘的亮区区域逐渐消失，表明浮石骨料在 0～−5℃温度区间内，浮石骨料是由外边缘的孔隙水开始冻结；−5～−10℃浮石试件白色区域由边缘到中心逐渐消失，图 5-12（d）中的边缘白色区域为包裹试件的生料带，此时图像显示几乎观测不到水的信号，表明−10℃时浮石骨料中的孔隙水基本冻结完毕。

图 5-13 所示为从−20～20℃升温时浮石骨料核磁成像图，其中（a）、（b）、（c）、（d）、（e）、（f）分别为−20℃、−15℃、−10℃、−5℃、0℃、20℃时浮石骨料的核磁成像图，由图可知，−20℃升温到−10℃的过程中，核磁成像图只显示生料带的成像，此温度段内，浮石骨料内部孔隙水处于冰冻状态；−5℃时，开始出现亮白色的区域，此时的亮色区范围较小，色泽较暗，说明此时试件内部孔隙冰开始融化，但过程较慢，融化的幅度小；升温到 0℃时，核磁成像的亮色区扩大且更加明显，说明浮石骨料孔隙冰开始大幅度融化，试件边缘处存在的孔隙冰较多；升温到 20℃时，亮色区已经将包

裹天然浮石的生料带成像覆盖，能够观察到浮石骨料孔隙的成像，说明此时浮石骨料的孔隙冰全部融化。

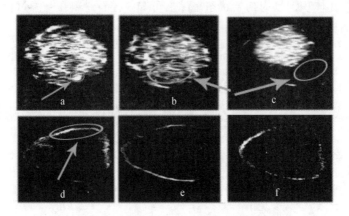

图 5-12　降温时浮石骨料核磁成像图

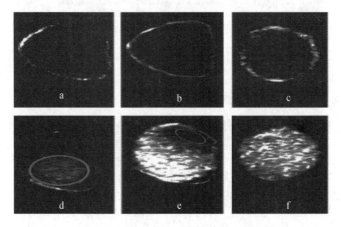

图 5-13　升温时浮石骨料核磁成像图

　　综上所述，浮石骨料在 20～－20℃温度区间内核磁成像变化规律与孔径分布变化一致，且核磁成像以图像的形式展示出低温下浮石骨料孔隙的冻结顺序与冻结的发展方向。

5.3.5　升降温时浮石骨料孔结构的对比

　　图 5-14 所示为升温及降温时浮石骨料孔径分布的对比图，从图中可以看出：－15℃时，升温过程的孔体积明显大于降温过程的孔体积，此温度下，浮石骨料孔隙中水冰共存，孔隙冰部分融化，凝胶孔占比减小，较大孔径的孔隙冰随温度升高，开始相继融化；温度为－10℃时，降温过程与升温过程的孔体积只相差 18％；－5～20℃温度段内，升温过程与降温过程的孔体积变化程度基本一致。因此，在相同低温条件下，升温与降温过程中浮石骨料的孔体积变化会有所不同，尤其是在－10℃和－15℃时，这是由于孔隙的复杂性，固液两相间相互转化的临界温度并不相同，这就是所谓的迟滞现象[94]。

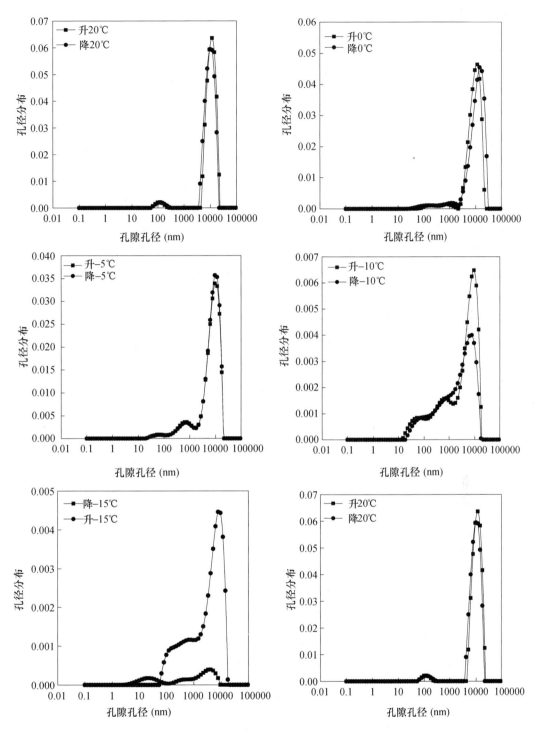

图 5-14 温度变化时浮石骨料孔径分布图

6 低温下饱水天然浮石混凝土孔结构动态变化规律研究

研究学者对普通混凝土孔结构和低温力学性能进行了深入而全面的研究，但对低温下饱水天然浮石混凝土微观结构变化和力学性能增强机理的研究较少。本章研究分析低温下不同温度区间的天然浮石混凝土抗压强度和孔结构的变化规律，通过孔隙率、孔径变化、核磁共振 T_2 谱表征天然浮石混凝土孔结构的变化规律，并利用低温环境扫描电镜进行微观机理分析，进而总结出孔结构的变化规律和抗压强度的增强机理。

6.1 试验概况

6.1.1 试验材料和配合比设计

水泥、粉煤灰、河砂、水选用第 2 章 2.1 节中的原材料；浮石骨料采用呼和浩特市武川县；外加剂采用萘系普通减水剂，黄褐色粉末状物，减水率为 18%。其配合比设计如表 6-1。

表 6-1 天然浮石混凝土配合比

强度等级	水泥（kg）	粉煤灰（kg）	河砂（kg）	浮石（kg）	水（kg）	减水剂（kg）	水胶比	砂率
LC20	300	75	841	588	150	3.75	0.40	42%
LC30	320	80	739	562	144	4.00	0.36	40%
LC40	340	85	644	532	136	4.75	0.32	38%

6.1.2 试样制备和试验方法

低温天然浮石混凝土抗压强度试样尺寸为 100mm×100mm×100mm 和孔结构测试试样尺寸为 ϕ50mm×50mm 圆柱体。

1. 低温下天然浮石混凝土抗压强度试验

制作尺寸为 100mm×100mm×100mm 的天然浮石混凝土立方体试件，浇筑 24h 后待试件成型拆模，放置在（20±2）℃、湿度大于 95% 的环境中养护 28d。另制备相同尺寸的混凝土试样一块，在试样中心埋置温度传感器，作为测温试样，放在相同的环境中养护。将养护好的天然浮石混凝土试件放入烘箱，在 105℃ 的温度下烘干。将天然浮石混凝土分为三组，使用真空饱水仪进行饱水，然后使用保鲜膜对试件进行水下包裹，以免混凝土中的水分流失。

进行天然浮石混凝土低温抗压强度试验时，为减小环境温度对试验的影响，保证试件在持续稳定的低温下进行试验，特自制一套低温压力试验装置，如图 6-1 所示。该装置分为万能试验机、钢模、低温反应浴三部分。低温反应浴以无水乙醇作为冷却液，开启仪器后，设置温度至试验温度，冷却液降温并开始循环，经软管循环至钢膜中。钢膜外侧由泡沫包裹起到保温作用，内侧与空气接触，逐渐降低周围环境温度。待环境温度降至试验温度时，便可将试件放入万能试验机上的钢模中，开启万能试验机，进行低温抗压强度试验。

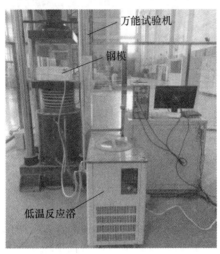

图 6-1　低温压力试验装置

本试验设置 6 个温度节点，分别为 20℃、0℃、−5℃、−10℃、−15℃、−20℃。将真空饱水的天然浮石混凝土试件放入已经达到试验温度的低温压力装置中，开启压力机，测试天然浮石混凝土在低温下的抗压强度变化，待试验结束后记录试验数据并清理仪器，进行下一组试验。

2. 孔结构试验

采用核磁共振和压汞仪测试天然浮石混凝土的孔结构。其中，核磁共振的试件尺寸为 ϕ50mm×50mm，在温度为（20±2）℃、相对湿度为 95％的环境下养护至 28d，三个试件为一组，然后将各组试样真空饱水后分别降温至 0℃、−5℃、−10℃、−15℃、−20℃，同时降低核磁共振内部环境温度与试样温度一致时，将试样放入核磁共振仪中进行测试，核磁共振试验所得到的 T_2 谱可以表征孔隙的动态变化，而压汞试验可以定量地测得试样的孔隙孔径数据。由核磁共振 T_2 谱转化为压汞孔隙孔径分布图需要确定转化系数，通过将核磁共振 T_2 分布累计曲线与压汞孔隙孔径累积分布曲线拟合的方法可以得到该系数，进而得到低温下天然浮石混凝土的孔隙孔径分布。

3. 低温下环境扫描电镜测试

选取同时带有浮石骨料和水泥砂浆的混凝土碎片，尺寸小于 10mm×10mm，厚度小于 3mm。本试验使用 EVO MA 15/LS 15 蔡司环境扫描电镜（图 6-2），将试样由 20℃降至−20℃，观察天然浮石混凝土在不同温度下微观孔隙的结冰过程。

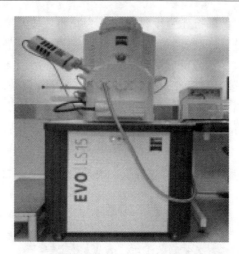

图 6-2　EVO MA 15/LS 15 蔡司环境扫描电镜

6.2　低温下饱水天然浮石混凝土力学性能变化规律

图 6-3 所示为不同强度等级的天然浮石混凝土抗压强度随温度的变化情况。由图可知，天然浮石混凝土抗压强度随温度的变化大致可分为三个阶段：第Ⅰ阶段为 20～0℃，三组试件的抗压强度随温度的变化曲线较为平缓，增长量较小。第Ⅱ阶段为 0～－10℃，此阶段为抗压强度快速增长阶段，各组试样的抗压强度增量分别达到了总强度增量的70.8％、72.2％和 57.85％。第Ⅲ阶段为－10～－20℃，此阶段进入稳定增长阶段，各组试件的抗压强度增长速度放缓。

当温度降至－20℃时，LC20、LC30、LC40 的抗压强度分别为 28.7MPa、37.6 MPa、46.2 MPa，与 20℃时相比，其抗压强度分别提高了 45.0％、40.3％和 18.2％。由此可知，随着混凝土强度等级的提高，在－20℃时其抗压强度增量减小，产生这一现象的主要原因是强度等级越大的试件密实度越大，内部孔隙越少，低温下孔隙水结冰所提供的强度以及对混凝土原始缺陷的改善作用就越小[95]。故强度等级越高的天然浮石混凝土的抗压强度增量越小。

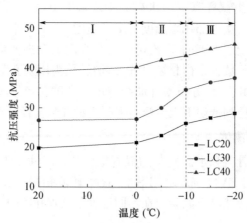

图 6-3　不同温度下天然浮石混凝土的抗压强度

6.3 低温下饱水天然浮石混凝土孔结构变化特征研究

6.3.1 孔隙率分析

图 6-4 所示为是不同强度等级的天然浮石混凝土孔隙率随温度的变化曲线。由图可知，天然浮石混凝土孔隙率随温度的变化大致可分为三个阶段：第 I 阶段为 20～0℃，混凝土内部的孔隙水大部分处于未结晶成核的亚稳状态，LC20、LC30、LC40 强度等级的混凝土孔隙率变化较小，分别由 7.74％、7.54％、7.38％降至 7.5％、6.7％、6.5％。第 II 阶段为 0～-10℃，此阶段混凝土孔隙中的水分迅速结冰，孔隙率快速减小，-10℃时试件孔隙率与 0℃时相比，分别降低了 93.47％、94.12％、91.23％。第 III 阶段为 -10～-20℃，此阶段结冰过程接近完成，各强度混凝土孔隙率减小较为缓慢。-10℃时，孔隙率为 0.5％，可将 0.5％视为天然浮石混凝土孔隙率的变化阈值，即孔隙率大于 0.5％时减小速度较快；反之较慢。

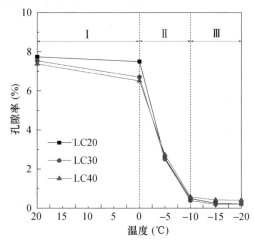

图 6-4 不同温度下天然浮石混凝土孔隙率变化曲线

6.3.2 核磁共振 T_2 谱面积分析

核磁共振 T_2 谱面积反映孔隙未冻结水的含量，未冻水含量减小时 T_2 谱面积减小；反之增大。图 6-5 所示为天然浮石混凝土 T_2 谱面积随温度的变化情况。由图可知，天然浮石混凝土的核磁 T_2 谱面积随温度的降低呈下降趋势。当温度从 20℃降低到 0℃时，天然浮石混凝土的孔隙水大部分未冻结，孔隙体积减小程度不大，故此时 T_2 谱面积下降幅度较小。当温度从 0℃降至 -10℃时，此温度区间为天然浮石混凝土孔隙水的主要相变区间，混凝土内部结冰速度较快，孔体积由于被冰填充而快速减小，冰的体积增加，故此阶段谱面积开始大幅降低。-10℃时，T_2 谱面积降至 3000，可将 3000 视为天然浮石混凝土 T_2 谱面积的变化阈值，即 T_2 谱面积大于 3000 时减小速度快；反之较慢。

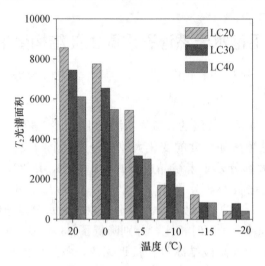

图 6-5　不同温度下天然浮石混凝土 T_2 谱面积

6.3.3　孔径分布分析

将混凝土孔隙按照孔径大小分为凝胶孔（R<10nm）、过渡孔（10nm<R<100nm）、毛细孔（100nm<R<1000nm）和非毛细孔（R>1000nm）。浮石骨料和天然浮石混凝土的初始孔径分布如图 6-6 所示。可以看出，浮石骨料孔隙孔径分布在 30nm～15000nm 之间，且在 100nm 附近存在唯一峰值，表明浮石骨料中 100nm 大小的孔隙占比较多，主要是过渡孔和毛细孔。天然浮石骨料混凝土孔隙孔径分布在 1nm～1000nm 之间，在曲线中存在多个峰值，分别出现在 1nm～10nm 和 10nm～1000nm 之间，这说明天然浮石骨料混凝土的孔隙由两部分组成，一部分由浮石骨料提供，孔径较大，主要为过渡孔和毛细孔；另一部分是制备过程中水泥砂浆部分产生的孔隙，孔径较小，主要为凝胶孔。浮石骨料中较大的孔隙（>100nm）主要为表面的开口孔，在制备天然浮石骨料混凝土的过程中，这些孔隙会被水泥砂浆填充，因此在天然浮石骨料混凝土中的孔隙孔径最大值会远小于浮石骨料。

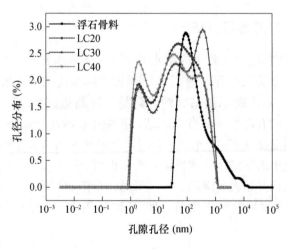

图 6-6　孔隙孔径分布图

天然浮石混凝土的孔径分布变化可以直观地表现出不同孔隙水随温度降低的水冰相变情况。由于三种强度等级天然浮石混凝土未冻结孔隙孔径变化规律基本一致（图 6-7），以 LC30 为例，不同温度下天然浮石混凝土孔径分布如图 6-8 所示。可以看出，当温度为 20℃时，孔径分布图含有三个波峰，其中毛细孔占比最大，其次为过渡孔和凝胶孔。当温度降至 0℃时，三个波峰略微向左移动，表明天然浮石混凝土孔隙水开始结冰，孔隙孔径因为被冰填充而小幅度减小。当温度降低至 −10℃时，此时波峰继续向左偏移，说明天然浮石混凝土孔隙进一步被冰填充，孔径迅速减小，同时曲线所包围的面积大幅度减小，右边峰峰值相对于 0℃时明显降低，表明此阶段部分毛细孔和过渡孔内的孔隙水迅速结冰。当温度从 −10℃降低到 −20℃时，中间峰与右边峰基本消失，左边峰向左偏移，99.4%的孔隙水已经被冰晶填充，表明此温度段内，毛细孔、过渡孔基本冻结完毕，未冻结的孔隙水为凝胶孔，凝胶孔溶液在 −78℃才发生冻结。

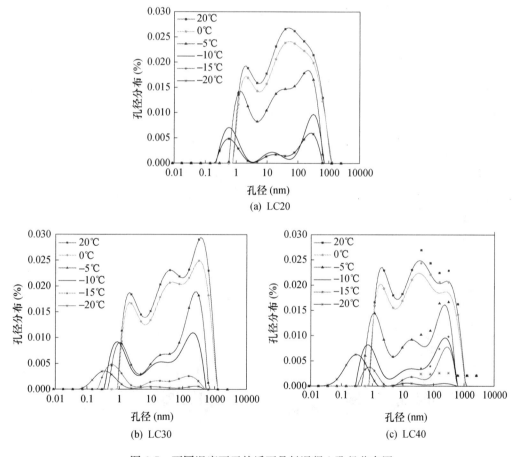

(a) LC20

(b) LC30

(c) LC40

图 6-7　不同温度下天然浮石骨料混凝土孔径分布图

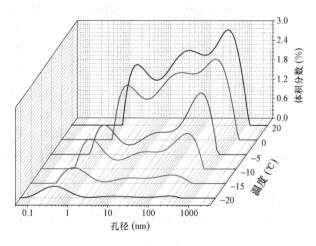

图 6-8　LC30 组天然浮石骨料混凝土孔径分布图

图 6-9 所示为不同温度下浮石骨料和天然浮石骨料混凝土未冻水孔隙的变化。对比图 6-9（a）和图 6-9（b）可知，浮石骨料初始孔隙为毛细孔和过渡孔，分别占孔体积的62.5％和37.5％，LC30 天然浮石骨料混凝土初始孔隙为毛细孔、过渡孔和凝胶孔，分别占孔体积的 38.4％、34.2％、27.4％。0～－10℃是浮石骨料和天然浮石混凝土孔体积减小最快的温度区间，分别减小了 76.4％和 56.1％，孔径较大的毛细孔和过渡孔中发生水冰相变，孔隙被冰晶填充，同时由于天然浮石混凝土中凝胶孔的存在，使得天然浮石混凝土孔体积减小较慢。－20℃时，浮石骨料孔体积仅为初始孔体积的 3.5％，天然浮石混凝土孔体积为 6.2％。其中 78.1％为凝胶孔。降温过程中的孔结构变化过程，水冰相变主要发生在浮石骨料中，浮石骨料孔结构的变化直接影响天然浮石混凝土的孔结构变化。

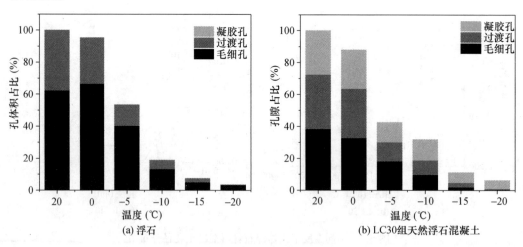

图 6-9　不同温度下未冻水孔隙变化

综上所述，天然浮石混凝土孔隙孔径变化规律与抗压强度变化规律一致，可以作为孔结构的参数来表征孔结构与抗压强度之间的关系。由 6.2 节和 6.3 节，可以总结出天然浮石混凝土孔结构与抗压强度之间的变化规律。第 I 阶段：20～0℃，天然浮石混凝土孔隙水少部分发生水冰相变，此时孔径较大的毛细孔首先结冰，孔隙率减小速度慢，T_2谱面积变化不大，抗压强度开始提高。第Ⅱ阶段：0～−10℃，孔隙孔径迅速减小，中等毛细孔和小毛细孔占比减少，孔隙率和T_2谱面积下降较快，天然浮石混凝土抗压强度在此阶段增长迅速。第Ⅲ阶段：−10～−20℃，大部分水冰相变已经完成，孔结构变化速度变得平缓，此时抗压强度增长也趋于平稳。第Ⅱ阶段是天然浮石混凝土孔结构抗压强度变化的主要阶段。

6.4　低温下饱水天然浮石混凝土微观结构分析

图 6-10 所示为不同温度下天然浮石混凝土的 SEM 图。由图 6-10（a）可知，当温度为−2.1℃时，椭圆区域的非毛细孔中的孔隙水由液相变为固相，呈絮团状，充满了整个孔隙，与孔壁紧密贴合，形成整体。虚线部分为大毛细孔，圆形部分为中等毛细孔，在此温度下大部分毛细孔还未开始结冰。此阶段水冰相变主要发生在孔径较大的非毛细孔和少量毛细孔中，结冰量较少。

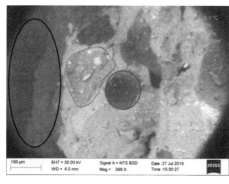 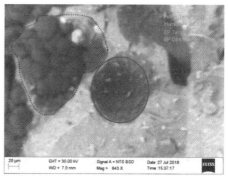

(a) T=−2.1℃　　　　　　　　　　　　(b) T=−6.1℃

图 6-10　不同温度下天然浮石混凝土 SEM 图

由图 6-10（b）可知，当温度为−6.1℃。虚线区域内大毛细孔中的孔隙水降温凝结成絮团状冰晶，与周围非毛细孔中全部冻结的冰晶和两者中间的孔隙壁连成了整体。此温度下大毛细孔中的孔隙水还未完全转化为固相，未结冰的部分形成了孔隙较小的凝胶孔。从圆形区域的中等毛细孔可以看出，还有部分中等毛细孔还未冻结。结合图 6-10（a）可以得到，天然浮石混凝土的结冰过程符合多孔介质的水冰相变规律。

通过以上分析可知，混凝土内部的孔径范围分布较广，而孔隙水的结冰过程受孔径的影响较大，随着温度的降低，孔径较大的孔隙先结冰。因此，混凝土内部表现为随温度降低孔隙由大到小先后结冰，与 6.3.3 节孔径变化规律一致。随着结冰量的增加，天然浮石混凝土的孔隙逐渐被冰填充，此时表现为孔隙率和T_2谱面积减小，未冻结孔径由大到小转变（与 6.3.2 节一致）。同时，由于冰所提供的强度以及对天然浮石混凝土原始缺陷的改善作用，使得降温过程中天然浮石混凝土的抗压强度也不断增强。

6.5 低温下饱水天然浮石混凝土抗压强度预测模型研究

6.5.1 孔隙结冰对抗压强度增量的影响

从以上试验结果可以看出，天然浮石骨料混凝土结冰量与抗压强度变化规律一致，结冰量对抗压强度的增长起直接作用。但是天然浮石骨料混凝土孔隙较多，孔径分布范围较广，孔隙水冰相变受孔径的影响，降温过程中凝胶孔、过渡孔和毛细孔的结冰量有所不同，因此不同孔隙对抗压强度增长的贡献也是不同的。灰色关联度熵分析法的基本原理是基于研究对象影响因素序列的微观或宏观几何接近性，是分析和确定各影响因素主要贡献度的有效方法[96]。以三种孔隙的结冰量为影响因素，使用灰熵法，分析不同孔隙结冰量对抗压强度增量的影响。以三种配合比的天然浮石混凝土抗压强度增量作为参考序列，设为 $Y_i = [y_i(1), y_i(2), \cdots, y_i(k)]$；以混凝土毛细孔结冰量（$X_1$）、过渡孔结冰量（$X_2$）、凝胶孔结冰量（$X_3$）作为比较序列，设为 $X_i = [x_i(1), x_i(2), \cdots, x_i(k)]$。计算过程如下：

（1）均值化处理：

$$\begin{cases} x'_i(a) = \dfrac{X_i}{x_i(a)} = [x'_i(1), x'_i(2), \cdots, x'_i(k)] & i = 1, 2, \cdots, n \\ y'_j(a) = \dfrac{Y_j}{y_j(a)} = [y'_j(1), y'_j(2), \cdots, y'_j(k)] & j = 1, 2, \cdots, m \end{cases}$$

（6-1）

式中，$x'_i(a)$ 为 $x_i(1)$, $x_i(2)$, $\cdots$, $x_i(k)$ 的平均值；$y'_j(a)$ 为 $y_j(1)$, $y_j(2)$, $\cdots$, $y_j(k)$ 的平均值。

（2）参考序列与比较序列差值：

$$\begin{cases} \Delta_{ij}(k) = |y'_j(k) - x'_i(k)| \\ \Delta_{ij} = [\Delta_{ij}(1), \Delta_{ij}(2), \cdots, \Delta_{ij}(k)] \\ (i = 1, 2, \cdots, n; j = 1, 2, \cdots, m; k = 1, 2, \cdots, p) \end{cases}$$

（6-2）

（3）最大差值与最小差值：

$$\begin{cases} M = \max_i \max_k \Delta_i(k) \\ m = \min_i \min_k \Delta_i(k) \end{cases}$$

（6-3）

（4）关联系数：

$$\gamma_{ij} = \frac{m + \xi M}{\Delta_i(k) + \xi M}$$

（6-4）

式中，ξ 为分辨系数，一般取 0.5。

（5）灰熵关联密度：

$$P_h = \frac{\gamma[y_i(h), x_i(h)]}{\sum\limits_{k=1}^{n} \gamma[y_i(h), x_i(h)]} \qquad (h = 1, 2, \cdots, n)$$

（6-5）

（6）灰关联熵和灰熵关联度：

灰关联熵

$$H = -\sum_{k=1}^{n} P_n \ln P_n \tag{6-6}$$

灰熵关联度

$$E = \frac{1}{n} H_{\max} \tag{6-7}$$

灰熵关联度计算结果见图 6-11。从图 6-11 可以看出，LC20 混凝土的灰熵关联度由大到小为过渡孔＞凝胶孔＞毛细孔，而 LC30 和 LC40 混凝土的不同孔隙结冰量灰熵关联度大小排序一致，为毛细孔＞凝胶孔＞过渡孔。随着混凝土强度的提高，毛细孔结冰量对抗压强度增量影响的显著性有所上升，而过渡孔结冰量对抗压强度增量影响的显著性有所下降，这是因为天然浮石骨料混凝土水胶比和浮石骨料掺量的降低，可以降低水泥砂浆基体和浮石骨料的孔隙，从而提高了混凝土的密实度；其次，浮石骨料自身的孔隙占混凝土总孔隙的比例有所提高，其中浮石骨料内部的毛细孔对天然浮石混凝土结冰量的影响较大，进而影响抗压强度的增长。LC30 组三种孔隙结冰量的灰熵关联度相差最小，该组混凝土中不同孔径大小的孔隙结冰量对抗压强度的影响较为一致。

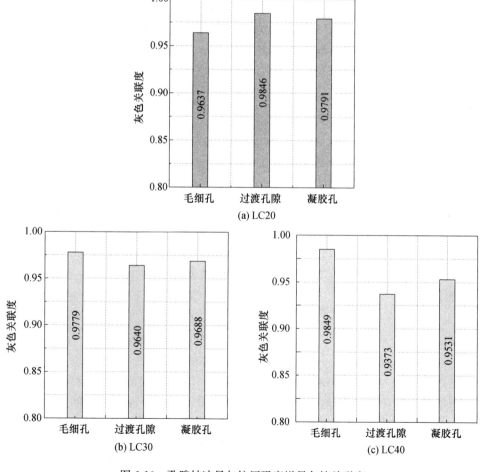

图 6-10 孔隙结冰量与抗压强度增量灰熵关联度

6.5.2　基于灰熵法的抗压强度预测模型

由上节分析可知，LC20 组天然浮石混凝土抗压强度增量影响最大的是过渡孔，LC30 组和 LC40 组天然浮石混凝土抗压强度影响最大的是毛细孔。本节分别选取 LC20 组的过渡孔结冰量和 LC30、LC40 组的毛细孔结冰量作为灰色系统相关因素序列，以三组混凝土的抗压强度增量作为灰色系统特征序列，建立天然浮石混凝土的 GM（0，2）灰色预测模型。

设系统特征序列：$X_1^{(0)} = [x_1^{(0)}(1), x_1^{(0)}(2), \cdots, x_1^{(0)}(n)]$，$x_1^{(0)}(n)$ 为不同温度区间的天然浮石混凝土抗压强度增量。其中 1-AGO 序列为 $X_1^{(1)} = [x_1^{(1)}(1), x_1^{(1)}(2), \cdots, x_1^{(1)}(n)]$，$x_1^{(1)}(n) = \sum_{i=1}^{n} x_1^{(0)}(n)$。

设相关因素序列：$X_2^{(0)} = [x_2^{(0)}(1), x_2^{(0)}(2), \cdots, x_2^{(0)}(n)]$，$x_2^{(0)}(n)$ 为不同温度区间的混凝土所选孔结冰量，其 1-AGO 序列为 $X_2^{(1)} = [x_2^{(1)}(1), x_2^{(1)}(2), \cdots, x_2^{(1)}(n)]$，$x_2^{(1)}(n) = \sum_{i=1}^{n} x_2^{(0)}(n)$。

建立 GM（0，2）模型：

$$X_1^{(1)} = bX_2^{(1)} + a \tag{6-8}$$

式中，b 为驱动系数；a 为系统发展系数，参数列 $\hat{b} = [b, a]^T$ 的最小二乘估计为

$$\hat{b} = [b, a]^T = (B^T B)^{-1} B^T Y \tag{6-9}$$

式中，

$$B = \begin{vmatrix} x_2^{(1)}(2) & 1 \\ x_2^{(1)}(3) & 1 \\ \cdots & \cdots \\ x_2^{(1)}(n) & 1 \end{vmatrix} \qquad Y = \begin{vmatrix} x_1^{(1)}(2) \\ x_1^{(1)}(3) \\ \cdots \\ x_1^{(1)}(n) \end{vmatrix} \tag{6-10}$$

该模型为混凝土所选孔结冰量与抗压强度增量之间的函数关系。将不同温度区间的混凝土所选孔结冰量与抗压强度增量试验数据代入模型可以得到三组天然浮石混凝土强度增量的 GM（0，2）模型：

LC20：

$$X_1^{(1)} = 4.8989 X_2^{(1)} - 1.0561 \tag{6-11}$$

LC30：

$$X_1^{(1)} = 8.6553 X_2^{(1)} - 8.6999 \tag{6-12}$$

LC40：

$$X_1^{(1)} = 5.027 X_2^{(1)} - 0.932 \tag{6-13}$$

根据式（6-11）～式（6-13）可分别求出 LC20、LC30、LC40 组天然浮石混凝土抗压强度增量的 1-AGO 序列，然后对其进行还原即可得到各个温度区间的抗压强度增量 $X_1^{(0)}$，进而得到三组天然浮石混凝土抗压强度的计算值。天然浮石混凝土抗压强度计算值如图 6-12 所示。抗压强度计算值与试验值的误差见表 6-2。由图 6-12 和表 6-2 可知，使用灰色 GM（0，2）模型得到的三组天然浮石混凝土计算值与试验值较为吻合，其平

均误差分别为 0.40%、2.57%、0.75%，误差较小，表明该模型具有一定的合理性。

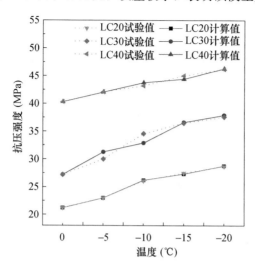

图 6-12 天然浮石混凝土抗压强度计算值与试验值对比

表 6-2 GM (0, 2) 模型误差表

温度 (℃)	LC20			LC30			LC40		
	试验值	计算值	平均误差	试验值	计算值	平均误差	试验值	计算值	平均误差
0	21.2	21.2		27.2	27.2		40.3	40.3	
−5	23	23.01		30.0	31.26		42.1	42.04	
−10	26.1	26.19	0.40%	34.6	32.90	2.57%	43.2	43.75	0.75%
−15	27.5	27.32		36.5	36.62		45.0	44.40	
−20	28.7	28.79		37.6	37.92		46.2	46.31	

7 冻土区天然浮石混凝土孔隙结冰规律研究

冻土区天然浮石混凝土桩基础在回冻过程中，随着温度的降低，孔隙水逐渐达到冰点而结冰，冰晶填充了孔隙，引起孔隙率、孔径分布的变化，同时提供了一定的强度。本章以天然浮石混凝土为研究对象，使用 NMR 测试技术，通过分析 NMR T_2 谱和孔径分布得到常温状态下的浮石骨料和天然浮石混凝土的孔结构分布特征，然后对不同吸水率的天然浮石混凝土在冻土区环境下孔隙水结冰过程进行了试验研究，并使用响应面法建立天然浮石混凝土结冰量影响因素的响应模型，以期能解释和预测冻土区天然浮石混凝土结冰规律。

7.1 试验概况

7.1.1 试验材料和配合比

选用第 6 章中 6.1 节中的原材料。根据《公路桥涵地基与基础设计规范》（JTG 3363—2019）中的有关规定，混凝土桩身强度等级不应低于 C25。实际工程中所使用的混凝土桩基础强度一般为 C30，因此按照《轻骨料混凝土应用技术标准》（JGJ/T 12—2019）中的有关规定，配制强度为 LC30 的天然浮石混凝土，具体配合比见表 7-1。

表 7-1 天然浮石混凝土配合比（kg/m³）

组别	水泥	粉煤灰	砂	浮石骨料	水	减水剂
LC30	352	80	739	562	144	3.024

7.1.2 试验参数

（1）吸水率

冻土区桩基础在回冻过程中，水分逐渐浸入混凝土桩身，由于回冻时间不同，回冻过程结束后混凝土吸水率也会有所不同。根据文献[97]中的研究结果，插入桩、打入桩的回冻时间为 5~15d，钻孔灌注桩则需要 30~50d，因此首先要确定回冻过程天然浮石混凝土的吸水过程。

制作尺寸为 100mm×100mm×100mm 的天然浮石混凝土试件，浇筑 24h 后待试件成型拆模，放置在（20±2）℃、湿度>95% 的环境中养护 28d。将养护好的混凝土试件放入烘箱，在 105℃的温度下烘干。取三个试件为一组，将试件放入水中浸泡，每间隔 24h 取出擦干表面水分，然后放在精度为 0.001kg 的电子秤上称重，记录数据，并按式（7-1）计算每个试件的吸水率，将该组试件的平均值作为混凝土的吸水率。

$$\rho = \frac{M_i - M_0}{M_0} \qquad\qquad (7\text{-}1)$$

式中，ρ 为天然浮石混凝土吸水率，%；M_i 为浸泡 i 天后天然浮石混凝土的质量，kg；M_0 为烘干后天然浮石混凝土试件的质量，kg。

图 7-1 所示为天然浮石混凝土吸水率变化图。由图可知，天然浮石混凝土在前期吸水较快，1d 吸水率即可达到 3.48%，浸水 12d 时吸水率为 6.07%，随后吸水率随时间缓慢增长，直至 45d 后基本稳定，此时吸水率为 6.28%。

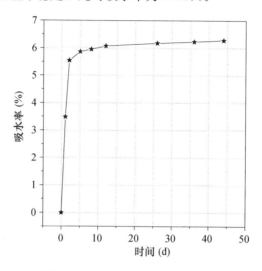

图 7-1 天然浮石混凝土吸水率变化

考虑天然浮石混凝土的吸水特性及周围环境温度变化，将天然浮石混凝土吸水率设置为三个水平，即 2%、4% 和 6%，反映整个回冻过程混凝土桩身吸水率的变化过程，以便进行后续试验。

（2）冻结温度

高纬度冻土区温度较低，冬季最低温度可达 $-30℃$。位于多年冻土区内的内蒙古呼伦贝尔地区，极端温度甚至达到了 $-47℃$。结合实际应用环境和试验条件，故本试验设置 5 个温度节点，分别为 $20℃$、$0℃$、$-10℃$、$-20℃$、$-30℃$。

7.1.3 试样设计

天然浮石骨料轻质多孔，吸水性强，在制备混凝土前需要对骨料进行预湿处理。将骨料放入水中浸泡 2h，进行充分的吸水，以免在养护过程中浮石骨料吸水造成水泥不能完全水化，影响混凝土强度；同时预湿也能增加骨料质量，减少制备过程中浮石骨料上浮。将拌和好的混凝土分三层注入模具中，每层注入后放置在振动台上进行振捣，振捣时间不宜过长，以减少浮石骨料上浮。根据不同的试验要求，制备不同尺寸的天然浮石骨料混凝土试件，并进行试验。

制作尺寸为 ϕ50mm×50mm 的天然浮石混凝土圆柱体试件，浇筑 24h 后待试件成型拆模，放置在（20±2）℃、湿度大于 95% 的环境中养护 28d。另制备相同尺寸的混凝土试样一块，在试样中心埋置温度传感器，作为测温试样，放在相同的环境中养护。温度传感器测量范围为－50～200℃，精度为 0.1℃，可外接温度显示仪，实时观测温度变化。将天然浮石混凝土分为三组，使用真空饱水仪（图 2-3）进行饱水，使三组试件分别达到 2％、4％、6％的吸水率，然后使用保鲜膜对试件进行水下包裹，以免混凝土中的水分流失。试件分组见表 7-2。

表 7-2 天然浮石混凝土结冰规律试验分组

吸水率（％）	试件数量（块）	试件尺寸（mm）
2	3	$\phi 50 \times 50$
4	3	$\phi 50 \times 50$
6	3	$\phi 50 \times 50$

7.1.4 试验步骤

使用高低温交变湿热试验箱对不同吸水率的天然浮石混凝土进行降温，如图 5-3 所示。该仪器温度调控范围为－40～130℃，精度为 0.1℃，降温速率为 0.7～1.0℃/min。试验时温度由 20℃降至－30℃，当测温试样的中心温度每达到一个温度节点后，取出天然浮石混凝土，进行核磁共振试验，测试天然浮石混凝土的孔隙率和孔径分布等，进而得到天然浮石混凝土结冰规律。

采用 6.1.2 试验方法进行低温电镜扫描测试，观测天然浮石混凝土孔隙结冰过程。

7.2 天然浮石混凝土孔结构特征

7.2.1 天然浮石混凝土 NMR T_2 谱分布

图 7-2 所示为不同吸水率的天然浮石混凝土 NMR T_2 谱分布。由图可知，天然浮石混凝土横向弛豫时间主要分布在 0.1～10ms，横向弛豫时间 1ms 附近出现唯一峰值，之后仅在 100ms 和 1000ms 时出现少量信号强度，占比极少，说明水分主要存在于较小的孔隙之中。随着吸水率的增大，天然浮石混凝土的最大弛豫时间和信号强度峰值也随之

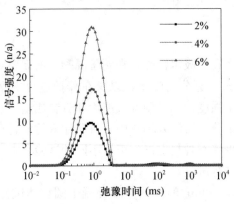

图 7-2 不同吸水率的天然浮石混凝土 NMR T_2 谱分布

增大，2%、4%、6%吸水率的最大弛豫时间分别为132.2ms、1417.5ms、4977.1ms，信号强度峰值分别为9.5、17.1、30.9。这表明在水分逐渐浸入混凝土内部的过程中，一开始由于水分较少，孔隙中的孔隙水还未饱和，体积较小，之后随着吸水率的增加，孔隙水逐渐饱和，体积慢慢增大，因此T_2谱横向弛豫时间呈现逐渐增大的趋势。

7.2.2　天然浮石混凝土孔径分布

图 7-3 所示为不同吸水率的孔隙孔径分布图。由图可知，吸水后的天然浮石混凝土孔隙水主要存在于 $0.01\sim1\mu m$ 的小毛细孔和中毛细孔中，少量存在于 $10\sim100\mu m$ 的非毛细孔中，2%、4%、6%吸水率的天然浮石混凝土中 $0.01\sim1\mu m$ 的小毛细孔和中毛细孔占了全部含水孔隙的 98.1%、98.5%、98.7%，表现为随吸水率的增大，毛细孔占全部含水孔隙的比重不断增大。另一方面，观察孔径分布图中峰值附近的局部放大图可以看到，随着吸水率的增大，孔隙占比峰值略微减小而峰值对应的孔隙孔径略微增大，这是因为随着水分的不断增加，孔径较大的孔隙内水分逐渐饱和，表现为大孔径孔隙略微增多，小孔径孔隙占比峰值有所下降。

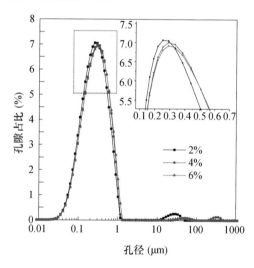

图 7-3　不同吸水率的孔隙孔径分布图

7.3　天然浮石混凝土孔隙结冰过程中孔结构的变化

7.3.1　未冻水孔隙率

天然浮石混凝土低温冻结过程中，孔隙内的水分逐渐发生水冰相变，混凝土内既存在已经发生冻结的冰，同时也存在还未冻结的孔隙水，将这部分未冻结的水称为未冻水。混凝土孔隙内水冰相变示意图，如图 7-4 所示。

图 7-5 所示为不同吸水率的天然浮石混凝土未冻水孔隙的孔隙率变化。由图可知，天然浮石混凝土孔隙率随温度的降低而减小，主要分为缓慢下降段（20～0℃）和快速

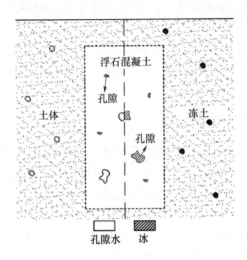

图 7-4　混凝土孔隙内水冰相变示意图

下降段（0～－30℃）两个阶段。20～0℃时，由于温度刚到达冰点，此温度段孔隙水开始结冰，但大部分处于未结晶成核的亚稳定状态，属于降温与冰晶成核初始阶段，此阶段含水孔隙的孔隙率减小较慢，2%、4%、6%吸水率的天然浮石混凝土孔隙率分别由20℃的 1.15%、1.92%、3.37% 减小至 0℃的 1.084%、1.73%、3.17%；0～－30℃时，天然浮石混凝土孔隙水达到冻结温度，开始迅速结晶成冰，随着温度的不断降低，水冰相变持续进行，冰晶逐渐填充孔隙，造成孔隙率的快速下降，－30℃时 3 种不同吸水率天然浮石混凝土含水孔隙率为 0.71%、0.86%、1.10%。在快速下降阶段，吸水率越大，孔隙率减小的速度越快，这是因为随着吸水率的提高，孔径较大的中毛细孔数量增多，水冰相变首先发生在较大孔隙中，因此中毛细孔中的孔隙水从温度降至冰点后就开始大量结冰，表现为孔隙率的快速下降。

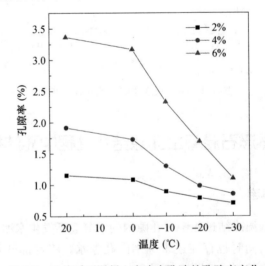

图 7-5　天然浮石混凝土未冻水孔隙的孔隙率变化

7.3.2 未冻水孔径分布

图 7-6 所示为降温过程中天然浮石混凝土未冻水孔隙的孔径分布变化。由图可知，不同吸水率的天然浮石混凝土孔径变化规律一致，其未冻水孔隙的孔径分布图存在 $0.01\sim1\mu m$ 的单峰，且随着温度的降低，该单峰的峰值也随之降低。20～0℃时不同吸水率的浮石混凝土含水孔的孔径分布变化不大，从图 7-6（b）和（c）可以看出，20℃和 0℃的孔径分布曲线几乎完全重合，这是因为该阶段结冰量极少，降温引起的水冰相变对含水孔隙的孔径影响较小，所以在降温前期孔径分布图变化不大。

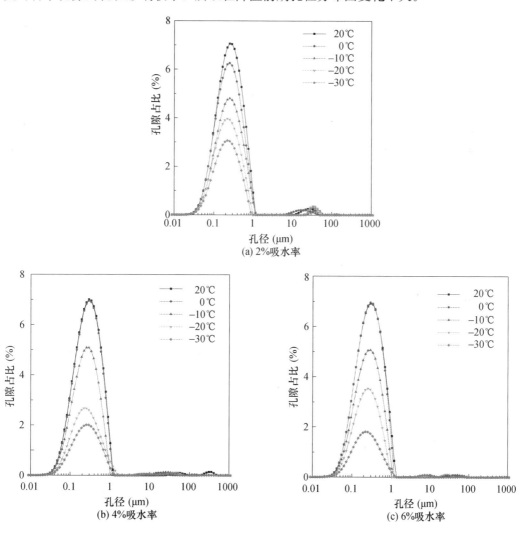

图 7-6　降温过程中天然浮石混凝土未冻水孔隙的孔径分布变化

根据天然浮石混凝土的孔径分布可以统计出天然浮石混凝土未冻水孔隙孔体积，进而直观地观察不同吸水率的天然浮石混凝土未冻水孔隙随温度变化的冻结过程。表 7-3 为不同吸水率、不同温度下的天然浮石混凝土未冻水孔隙孔体积表。

由表可知，四种未冻水孔隙的孔体积按照由大到小的顺序为中毛细孔＞小毛细孔＞大毛细孔≈非毛细孔。20℃时，随着吸水率的增大，天然浮石混凝土含水孔的总体积由2％吸水率的1.13mm³增长至6％的3.58mm³，增大了2.17倍，其中，中毛细孔的孔体积增长最大，由2％吸水率的0.9649mm³增长至6％的3.0920mm³，增大了2.21倍。当温度降低时，中毛细孔的孔体积减小最快，这是因为中毛细孔孔隙占比最大，孔隙水最多，结冰速度快，使得中毛细孔被冰晶快速填满，孔体积减小。这与孔隙率的下降规律表现一致，也是孔隙率下降的原因所在。

表 7-3　天然浮石混凝土含水孔隙的孔体积（mm³）

孔隙类别	吸水率	温度				
		20℃	0℃	−10℃	−20℃	−30℃
小毛细孔	2％	0.1344	0.1258	0.0765	0.0656	0.0452
	4％	0.2025	0.1768	0.1082	0.0507	0.0304
	6％	0.3818	0.3306	0.1920	0.1039	0.0391
中毛细孔	2％	0.9649	0.7898	0.5060	0.3568	0.2399
	4％	1.6244	1.4360	0.7612	0.3118	0.2047
	6％	3.0920	2.6662	1.3895	0.6793	0.2271
大毛细孔	2％	0.0114	0.0107	0.0044	0	0
	4％	0.0281	0.0184	0.0001	0.0150	0.0048
	6％	0.0823	0.0372	0.0078	0	0.0076
非毛细孔	2％	0.0196	0.0187	0.0083	0.0136	0.0072
	4％	0.0236	0.0140	0.0130	0.0077	0.0051
	6％	0.0208	0.0093	0.0116	0.0089	0.0019

7.4　天然浮石混凝土孔隙结冰量变化规律

7.4.1　结冰量变化

表 7-4 为天然浮石混凝土在不同温度下的结冰量变化。由表可知，随着温度的降低，天然浮石混凝土的结冰量不断增加。0℃时各吸水率的天然浮石混凝土结冰量略有增长，孔径较大的非毛细孔和部分大毛细孔孔隙内开始发生水冰相变。0～−10℃是结冰量增加最快的温度段，2％、4％、6％吸水率的天然浮石混凝土在该温度区间内增长的结冰量分别占总结冰量的41.74％、46.68％、43.96％，表明该温度段是结冰量迅速增长的阶段，而上一节中该温度段内中毛细孔的孔体积变化最大，因此结冰量的增长主要来自于中毛细孔孔隙水的水冰相变。−10～−30℃时结冰量增长速度较上一阶段变得平缓，结冰量继续保持增长，−30℃时三种吸水率的天然浮石混凝土的结冰量分别为0.838mm³、1.6335 mm³、3.3012 mm³，此时天然浮石混凝土的结冰率分别达到了74.14％、86.96％、92.29％。吸水率越高，天然浮石混凝土的结冰率越高，这是因为随着吸水率的增加，小毛细孔所占的比例下降，中毛细孔、大毛细孔比例增加，而孔隙

孔径越小，孔隙水冻结所需的温度越低，因此孔径较小的孔隙中未达到发生水冰相变的临界温度，影响了结冰率。

表 7-4　天然浮石混凝土的结冰量（mm³）

温度	吸水率		
	2%	4%	6%
0℃	0.1854	0.2334	0.5337
−10℃	0.5351	0.9959	1.9761
−20℃	0.6943	1.4933	2.7848
−30℃	0.8380	1.6335	3.3012

表 7-5 为不同温度区间内，不同类型孔隙的结冰量。由表可知，随着吸水率的增加，不同类型的孔隙在不同温度区间内的结冰量总体上呈增大趋势。在不同温度区间内，中毛细孔的结冰量均是四种孔隙中最大的，由 7.3 节可知，这是因为在天然浮石混凝土的孔隙中，中毛细孔的孔体积最大，所含的未冻水最多，因此降温时中毛细孔内的水分大量冻结，结冰量最大。0～−10℃温度区间内三种吸水率的天然浮石混凝土的中毛细孔结冰量分别为 0.2838mm³、0.6748mm³、1.2767mm³，由表 7-4 可知该温度区间内天然浮石混凝土总结冰量分别为 0.3497mm³、0.7625mm³、1.4424mm³，中毛细孔结冰量占该温度区间内总结冰量的 81.16%、88.49%、88.51%，因此中毛细孔内的孔隙水在 0～−10℃快速冻结成冰是天然浮石混凝土结冰量增长的主要来源。

表 7-5　不同孔隙类型的结冰量（mm³）

孔隙类型	温度区间	吸水率		
		2%	4%	6%
小毛细孔	20～0℃	0.0086	0.0257	0.0513
	0～−10℃	0.0493	0.0686	0.1386
	−10～−20℃	0.0108	0.0575	0.0881
	−20～−30℃	0.0204	0.0203	0.0648
中毛细孔	20～0℃	0.1751	0.1884	0.4258
	0～−10℃	0.2838	0.6748	1.2767
	−10～−20℃	0.1492	0.4494	0.7102
	−20～−30℃	0.1169	0.1071	0.4522
大毛细孔	20～0℃	0.0008	0.0097	0.0451
	0～−10℃	0.0063	0.0183	0.0293
	−10～−20℃	0.0044	−0.0149	0.0078
	−20～−30℃	0.0000	0.0102	−0.0076
非毛细孔	20～0℃	0.0009	0.0096	0.0115
	0～−10℃	0.0104	0.0010	−0.0022
	−10～−20℃	−0.0053	0.0054	0.0026
	−20～−30℃	0.0064	0.0026	0.0070

7.4.2 结冰过程微观分析

由前文可知，0～－10℃是天然浮石混凝土结冰量增长的主要温度区间。由于试件尺寸较小，造成降温过程过快，对孔隙结冰过程进行全过程观测较难实现，因此结合天然浮石混凝土的结冰规律，以 0～－10℃作为扫描电镜的温度参数，观测该温度区间下的天然浮石混凝土结冰过程。选取单个天然浮石混凝土孔隙为研究对象，观察该孔隙在不同温度下的冰晶的变化，其结果见图 7-7。

图 7-7 所示为天然浮石混凝土孔隙水结冰过程扫描电镜图。如图 7-7 所示，天然浮石混凝土孔隙内水冰相变先发生在孔径较大的孔隙中，之后随温度的降低发生在较小孔隙中。－2.1℃时，电镜图中左侧部分已有大量絮状物质，为已冻结的冰晶，此时框线内的孔隙还未结冰。－2.2℃时，孔隙中间出现絮团状冰晶，开始发生水冰相变。温度继续降低至－3.2℃时，冰晶已经填充整个孔隙，直至－6.1℃时，水冰相变持续进行，孔隙结冰量进一步增长，与周围冰晶相连，形成整体，而此时周围较小的孔隙还未发生水冰相变。

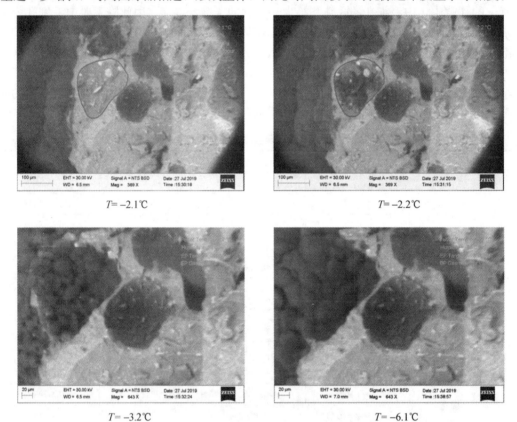

$T= -2.1℃$　　　　　　　　　　　　　$T= -2.2℃$

$T= -3.2℃$　　　　　　　　　　　　　$T= -6.1℃$

图 7-7　天然浮石混凝土结冰过程扫描电镜图

天然浮石混凝土结冰过程扫描电镜图表明，天然浮石混凝土孔隙水冰相变首先发生在孔径较大的孔隙中，温度进一步降低时，较小孔径的孔隙也开始结冰。结冰先从孔隙内部开始，慢慢填充整个孔隙。孔隙水冻结产生的冰晶有助于填补混凝土内部的微裂缝，从而起到一定的密实作用。

7.5 天然浮石混凝土孔隙结冰量影响因素分析

响应面法（Response Surface Methodology，RSM）是开发、改进、优化过程的一种十分有效的数学方法。在试验中，如果只考察某个单一变量对目标值的影响，那么这种关系可以用数学关系来表达，并转化为方程。如果研究多个变量对目标值的影响，当用数学方法来表示这些因素和反应之间的关系时，就形成了一个曲面而不是一个方程，创建和解释该曲面的最佳方法之一就是响应面法[98]。作为一种统计学方法，响应面法（RSM）能够反映出在试验过程中各变量对目标值（即响应）的影响，也能反映变量两两之间以及多种变量相互之间的交互作用。最终通过等高线图以及三维曲面图来揭示变量和响应之间的关系。

7.5.1 基于 RSM 分析孔隙结冰量影响因素

由前文可知，含水率和温度对天然浮石混凝土结冰量均有影响。因此，本章使用 Design-Expert 软件对天然浮石混凝土结冰量的影响因素进行 RSM 分析。本章采用 RCM 中的 Miscellaneous 设计，使用吸水率（A）、温度（B）作为两个因素，使用结冰量（Y）作为响应进行两因素分析，两因素的取值范围及水平设置见表 7-6，试验设计及结果见表 7-7。

表 7-6　试验因素及水平

因素	编码	水平	
		低	高
吸水率（%）	A	2%	6%
温度（℃）	B	−30	0

表 7-7　试验设计及结果

编号	吸水率（A）（%）	温度（B）（℃）	试验结果
1	2	−30	0.8379
2	4	−30	1.6335
3	4	−20	1.4933
4	6	0	0.5337
5	6	−30	3.3012
6	4	−10	0.9959
7	2	0	0.1854
8	4	0	0.2334
9	2	−20	0.6943
10	4	−30	1.6335
11	6	−20	2.7848
12	2	−10	0.5351
13	6	−10	1.9761

7.5.2 结果验证与合理性分析

由表 7-7 可得二次曲面方程的表达式：

$$Y = 0.7362 - 0.4355A - 0.0281B - 0.0175AB + 0.0712A^2 - 0.0015B^2 \qquad (7-2)$$

拟合后的相关系数 $R^2 = 0.9903$，说明该公式拟合程度较高，预测结果较为精确，使用该公式得到的计算值与试验值误差较小，满足要求。对式（7-2）进行方差分析，结果见表 7-8。

表 7-8　二次曲面方程的方差分析

Source	SS	df	MS	F	p
Model	11.04	5	2.21	142.36	<0.0001
A	5.03	1	5.03	324.20	<0.0001
B	4.58	1	4.58	295.06	<0.0001
AB	1.22	1	1.22	78.84	<0.0001
A^2	0.24	1	0.24	15.71	0.0054
B^2	0.29	1	0.29	18.97	0.0033
Residual	0.11	7	0.016	—	—
Lack of fit	0.11	6	0.018	—	—
Pure error	0	1	0	—	—
Cor. total	11.15	12	—	—	—

图 7-8 所示利用式（7-2）得到的预测结果和试验结果的对比图。由图可以看出，趋势线斜率约为 1，截距接近 0，表明式（7-2）计算结果有良好的预测精度；试验值与预测值几乎均匀地分布在一条直线上，说明两者拟合程度较高，证明了公式的有效性，用其表述吸水率和温度两者作用下天然浮石混凝土结冰量的变化是可行的。

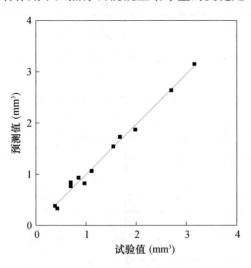

图 7-8　试验值与预测值结果对比

天然浮石混凝土结冰量的等高线图如图 7-9 所示，三维响应曲面图如图 7-10 所示。当天然浮石混凝土吸水率一定时，温度越低天然浮石混凝土结冰量越高，在等高线图中表现为等高线越来越密集，在三维响应曲面图中表现为曲面上翘；同理，当温度一定时，天然浮石混凝土吸水率增大也会表现出相同的变化趋势。这与本章试验所得的天然浮石混凝土结冰规律相同，因此运用 RSM 方法得到的天然浮石混凝土结冰量的响应模型是合理的，该模型可以表达出温度和吸水率两个因素对天然浮石混凝土结冰量的影响规律。

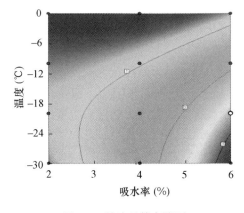

图 7-9　结冰量等高线图

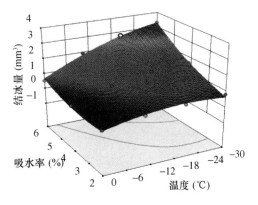

图 7-10　结冰量三维响应曲面图

8 冻土区天然浮石混凝土孔隙冻胀应力研究

在多年冻土区环境下，多孔混凝土孔隙内液体结冰膨胀产生冻胀应力。当混凝土受压时，因液体冻结而产生的冻胀应力可以抵抗部分材料压缩时的应力，产生"预应力"的效果，从而有利于天然浮石混凝土抗压强度的增长。因此，有必要对天然浮石混凝土低温下冻胀应力进行测试。

本章通过自制的冻胀试验模具制备用于冻胀应力测试的天然浮石混凝土试件，以温度和吸水率为变量进行天然浮石混凝土冻胀应力试验，分析冻胀应力、应变的变化规律，并结合理论推导，得到冻胀应力计算公式，探究冻胀应力对天然浮石混凝土抗压强度增长的规律。

8.1 试验概况

8.1.1 试验设计

天然浮石混凝土冻胀应力试验所用试件示意图如图 8-1 所示。试件尺寸为 150mm×150mm×300mm，中心位置埋置一根 $\phi8$ 带肋钢筋，钢筋中间位置打磨平整，黏贴应变片，并用环氧树脂对其进行包裹，以达到防水的目的。钢筋示意图如图 8-2 所示。

为保证试件可以顺利浇筑成型，使用了特制的模具，如图 8-3 所示。模具由底面、侧面、中框、顶框四部分组成，其中底部中心有一圆形凹槽，用以固定钢筋位置，中框和顶框分别在中部和顶部对模具侧面形成约束，使其成为一个整体。

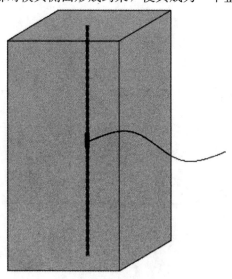

图 8-1 冻胀应力试验试件示意图

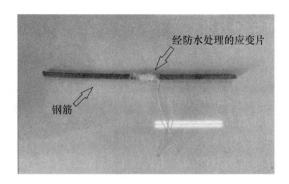

图 8-2 黏贴应变片的钢筋

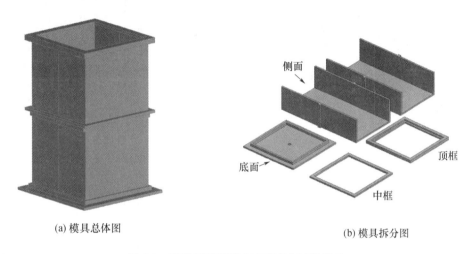

(a) 模具总体图   (b) 模具拆分图

图 8-3 天然浮石混凝土冻胀应力试件模具

制作试件时先把钢筋放置于模具中心位置，将应变片导线从侧面引出，然后分层浇筑，24h 后待试件成型拆模，放置在（20±2）℃、湿度大于 95% 的环境中养护 28d。另制备相同尺寸的混凝土试样一块，在试样中心埋置温度传感器，作为测温试样，放在相同的环境中养护。将天然浮石混凝土分为三组，使用真空饱水仪进行饱水，使三组试件分别达到 2%、4%、6% 的吸水率，然后使用保鲜膜对试件进行水下包裹，以免混凝土中的水分流失。试件分组见表 8-1。

表 8-1 天然浮石混凝土冻胀应力试验分组

吸水率（%）	试件数量（块）	试件尺寸（mm）
2	3	150×150×300
4	3	150×150×300
6	3	150×150×300

8.1.2 试验步骤

使用江苏东华测试技术公司生产的 DH3818 静态应变测试仪采集天然浮石混凝土降温过程中的冻胀应变，仪器见图 8-4。该仪器测试应变范围为 ±19999$\mu\varepsilon$，分辨率为 1$\mu\varepsilon$，可

77

自动、快速、准确地进行静态应变测量。将不同吸水率的天然浮石混凝土应变片导线与应变测试仪相连接，然后将天然浮石混凝土放入高低温交变试验箱，如图 8-5 所示，设定温度为−30℃，开始降温，同时开启应变仪，采集天然浮石混凝土实时冻胀应变。

图 8-4　DH3818 静态应变测试仪　　　　　　图 8-5　冻胀应力试验

8.2　天然浮石混凝土冻胀应力变化规律

8.2.1　天然浮石混凝土冻胀应变

不同吸水率的天然浮石混凝土内钢筋应变片连接至应变采集器后，将温度设置为−30℃，开始降温。应变采集器每 10s 自动采集一次应变，待应变稳定，可得到天然浮石混凝土冻胀应变变化，如图 8-6 所示。

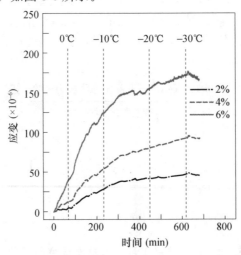

图 8-6　天然浮石混凝土冻胀应变

由图 8-6 可知，从时间上看，在大约降温前 100min 内，天然浮石混凝土冻胀应变增长相对较慢，此时试件中心温度还未到达冰点，混凝土外层少量孔隙水开始结冰，由此产生的冻胀应变较小。随着降温的继续，天然浮石混凝土孔隙水开始大量结冰，冻胀应变快速增长，在降温 600min 后达到峰值应变，吸水率为 2%、4%、6% 的天然浮石混凝土的峰值应变分别为 0.0048%、0.0096%、0.0177%。之后天然浮石混凝土的应变趋于稳定，变化不大。从温度变化上看，天然浮石混凝土冻胀应变变化可分为三个阶段：缓慢增长阶段 (20～0℃)、快速增长阶段 (0～−10℃)、平稳增长阶段 (−10～−30℃)。其中在快速增长阶段，此时试件中心温度已降至冰点，意味着全部的混凝土孔隙水在临界温度下都可以发生冻结，由 7.4 节中的结论可知，该阶段正是天然浮石混凝土结冰量快速增加的阶段，因此天然浮石混凝土孔隙中大量水冰相变造成冰体积的膨胀，使得混凝土发生冻胀变形，造成冻胀应变的快速增长。当温度降至 −30℃ 时，冻胀应变还未到达峰值应变，此时部分孔隙水的水冰相变过程还在进行，冻胀应变还在缓慢增加，表现出一定的滞后性。

8.2.2 天然浮石混凝土冻胀应力

根据弹性力学中的规定，材料弹性阶段的应力应变方程为：

$$\sigma = E \cdot \varepsilon \tag{8-1}$$

式中，σ 为材料的应力，MPa；E 为材料的弹性模量，MPa；ε 为材料的应变。

对试验中所用的钢筋进行拉伸试验，如图 8-7 所示，可得到钢筋的应力-应变曲线。选取钢筋弹性变形阶段的应力-应变曲线，由式 (8-1) 可知，钢筋的弹性模量 E 的大小为弹性变形阶段应力-应变曲线的斜率，如图 8-8 所示，使用 Origin 对钢筋弹性变形阶段的应力-应变曲线拟合，可得钢筋的弹性模量为 8.41819×10^5 MPa。

图 8-7 钢筋拉伸试验

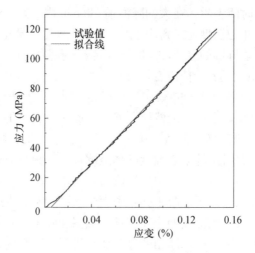

图 8-8　钢筋应力-应变曲线

将弹性模量 E 和冻胀应变 ε 代入式（8-1）中可得到不同吸水率的天然浮石混凝土冻胀应力随温度的变化，结果见表 8-2。由表可知，随着温度的降低，三种吸水率下的天然浮石混凝土冻胀应力增长趋势与冻胀应变的变化规律类似，可同样分为三个变化阶段。在 $0 \sim -10℃$ 温度区间内，吸水率为 2％、4％、6％ 的天然浮石混凝土冻胀应力增长了 2.10MPa、3.50MPa、7.11MPa，分别达到了冻胀应力增量的 54.12％、45.57％、49.48％，表明该温度区间是冻胀应力快速增长的阶段，这也与前文中结冰量的变化规律相符。

表 8-2　天然浮石混凝土冻胀应力（MPa）

温度	吸水率		
	2％	4％	6％
20℃	0	0	0
0℃	0.34	1.11	3.39
−10℃	2.44	4.61	10.50
−20℃	3.49	6.73	12.94
−30℃	3.88	7.68	14.37

8.3　天然浮石混凝土冻胀应力影响因素分析

在本章试验中，设置了吸水率和温度两个变量。为了定量地描述天然浮石混凝土冻胀应力随着吸水率和温度变化关系，使用响应面法对影响天然浮石混凝土冻胀应力进行分析。

8.3.1　基于 RSM 分析冻胀应力影响因素

使用 Design-Expert 软件对天然浮石混凝土冻胀应力的影响因素进行 RSM 分析，采用 RCM 中的 Miscellaneous 设计，以吸水率（A）、温度（B）作为两个因素，以冻胀应力（Y）作为响应进行分析两因素分析，两因素的取值范围及水平设置见表 8-3，试验设计及结果见表 8-4。

表 8-3　试验因素及水平

因素	编码	水平	
		低	高
吸水率（%）	A	2	6
温度（℃）	B	−30	0

表 8-4　试验设计及结果

编号	吸水率（A）（%）	温度（B）（℃）	试验结果
1	2	0	0.34
2	6	0	3.39
3	4	0	1.11
4	4	−10	4.61
5	2	−10	2.44
6	4	−30	7.68
7	6	−10	10.50
8	2	−20	3.49
9	4	−20	6.73
10	2	−30	3.88
11	6	−20	12.94
12	4	−10	4.61
13	6	−30	14.37

8.3.2　结果验证与分析

通过对试验设计的分析与计算，可得到天然浮石混凝土冻胀应力的二次曲面方程表达式：

$$Y=2.16-1.76A-0.24B-0.059AB+0.35A^2-0.0082B^2 \tag{8-2}$$

拟合后的 $R^2=0.9872$，说明该公式拟合程度较高，预测结果较为精确，使用该公式得到的计算值与试验值误差较小，满足要求，对式（8-2）进行方差分析，结果见表 8-5。

表 8-5　二次曲面方程的方差分析

来源	SS	df	MS	F	p
Model	228.67	5	45.73	107.72	<0.0001
A	120.51	1	120.51	283.86	<0.0001
B	80.24	1	80.24	189.00.	<0.0001
AB	14.05	1	14.05	33.10	0.0007
A^2	6.01	1	6.01	14.15	0.0071
B^2	8.64	1	8.64	20.35	0.0028
Residual	2.97	7	0.42	—	—
Lack of fit	2.97	6	0.50	—	—
Pure error	0	1	0	—	—
Cor. total	231.64	12	—	—	—

图 8-9 所示利用式（8-2）得到的预测结果和试验结果的对比图。由图可以看出，趋势线斜率约为 1，截距接近 0，表明式（8-2）计算结果有良好的预测精度；试验值与预测值几乎均匀地分布在一条直线上，证明了公式的有效性，用其表述吸水率和温度两者作用下天然浮石混凝土冻胀应力的变化是可行的。

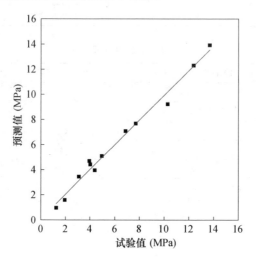

图 8-9　试验值与预测值结果对比

天然浮石混凝土冻胀应力的等高线图如图 8-10 所示，三维响应曲面图如图 8-11 所示。如图 8-10 所示，天然浮石混凝土冻胀应力的等高线图由左上角所表示的较小冻胀应力向右下角所表示的较大冻胀应力发生变化。天然浮石混凝土吸水率越小，温度越高，则天然浮石混凝土冻胀应力越小，图中等高线之间的距离越稀疏；反之，图中等高线越密集。三维响应曲面图中有着和等高线图相同的变化规律，天然浮石混凝土吸水率越小，温度越高，则天然浮石混凝土冻胀应力越小，对应为图中曲面下沉部分；反之，天然浮石混凝土吸水率越大，温度越低，则天然浮石混凝土冻胀应力越大，对应为图中曲面上翘部分。这与本章试验所得到的天然浮石混凝土冻胀应力变化规律相同，因此运用 RSM 方法得到的天然浮石混凝土冻胀应力的响应模型是可行且合理的。

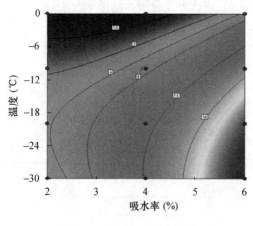

图 8-10　冻胀应力等高线图

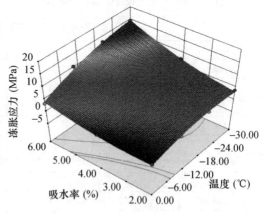

图 8-11　冻胀应力三维响应曲面图

8.4 天然浮石混凝土冻胀应力模型

8.4.1 冻胀应力模型的建立

天然浮石混凝土可以视为由固态、液态、气态三相组成的物质，根据多孔连续介质理论，可将天然浮石混凝土划分成由孔隙和周围混凝土组成的连续的球形单元，则孔隙水结冰产生对孔壁的冻胀应力可由如下球形单元模型表示。刘泉声[99]通过研究证明了混凝土球形单元中孔隙水冻结产生的冻胀冰压力 p_i 可以等效为球形单元表面的有效拉应力 σ_t，该有效拉应力 σ_t 即为低温下天然浮石混凝土的冻胀应力。孔隙水结冰产生对孔壁的冻胀应力可由图 8-12 所示球形单元模型表示。

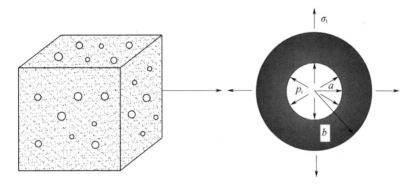

图 8-12　天然浮石混凝土球形单元示意图

混凝土孔隙水冻结产生的冰压力引起的球形单元应变：

$$\varepsilon_{vi} = \frac{1-2\nu}{E} \cdot \frac{3a^3 p_i}{b^3 - a^3} \tag{8-3}$$

等效拉应力 σ_t 引起的球形单元应变：

$$\varepsilon_{vt} = -\frac{1-2\nu}{E} \cdot \frac{3b^3 \sigma_t}{b^3 - a^3} \tag{8-4}$$

冻胀产生的冰压力作用下的体积应变和等效拉应力作用下的体积应变相等，则：

$$\varepsilon_{vi} = \varepsilon_{vt} \tag{8-5}$$

将式（8-3）和式（8-4）代入式（8-5）中可得：

$$\sigma_t = -\frac{a^3}{b^3} p_i \tag{8-6}$$

由球形单元模型可知：

$$\varphi = \frac{V_a}{V_b} = \frac{a^3}{b^3} \tag{8-7}$$

由于孔隙中未冻结的水不会产生冰压力，因此 φ 可表示为已结冰孔隙的孔隙率，将式（8-7）代入式（8-6）中可得：

$$\sigma_t = -\varphi p_i \tag{8-8}$$

式（8-8）为天然浮石混凝土孔隙冰压力与等效拉应力的关系。因此，利用该公式即可求得天然浮石混凝土低温有效冻胀应力。

由式（8-8）可知，求得有效冻胀应力需要计算孔隙冰压力。混凝土的冻胀与孔隙中的水冰相变有着极大关系，在低温下，冻结的孔隙水会对孔隙壁产生挤压作用从而引起整个混凝土的冻胀变形，而未冻孔隙中并不会产生这样的冻胀冰压力。混凝土孔隙中的冰压力是水冰相变后体积受到孔隙壁约束而不能自由发生膨胀产生的，因此可以利用混凝土与冰体的膨胀耦合关系来求解有效冰压力。

假设天然浮石混凝土含水孔隙的孔隙率为 φ_0，则根据球形单元模型可表示：

$$\varphi_0 = \frac{\sum \frac{4}{3}\pi a^3}{\sum \frac{4}{3}\pi b^3} = \frac{\sum a^3}{\sum b^3} \tag{8-9}$$

式中，a 为孔隙半径；b 为球形单元模型半径。

在表征球形单元时应保证以下关系：

$$\varphi_0 = \frac{a^3}{b^3} \tag{8-10}$$

孔隙水冰相变完成后，孔隙冰与孔隙体积应满足膨胀耦合关系：

$$V_\varphi = V_i \tag{8-11}$$

式中，V_φ 为孔隙体积；V_i 为孔隙中冰的体积。

混凝土孔壁在孔隙冰压力下产生的膨胀位移[99]：

$$u_\varphi = \frac{(1+\nu_s)a}{E_s}\left[\frac{bp_i}{2(b^3-a^3)} + \frac{1-2\nu_s}{1+\nu_s}\frac{a^3}{b^3-a^3}\right] \tag{8-12}$$

式中，u_φ 为天然浮石混凝土冰压力 p_i 引起的孔壁膨胀位移；ν_s 为天然浮石混凝土基质泊松比，一般可取天然浮石混凝土泊松比；E_s 为天然浮石混凝土基质弹性模量。

混凝土基质弹性模量可由以下公式求得：

$$E_s = E\left[1 + \frac{3(1-\nu)}{2(1-2\nu)}\varphi_0\right] \tag{8-13}$$

式中，E 为天然浮石混凝土弹性模量；ν 为天然浮石混凝土泊松比。

水冰相变后孔体积可表示为：

$$V_\varphi = \frac{4}{3}\pi(a+u_\varphi)^3 \tag{8-14}$$

体积为 V 的孔隙发生水冰相变后的自由膨胀体积为：

$$V_i = (1+\beta)V \tag{8-15}$$

式中，β 为水的体积膨胀系数，取 0.09。

孔隙冰体积又可以表示为：

$$V_i = \frac{4}{3}\pi a_i^3 \tag{8-16}$$

式中，a_i 为自由膨胀冰的球形半径。

孔隙冰的半径可表示为：

$$a_i = a\sqrt[3]{1+\beta} \tag{8-17}$$

自由膨胀冰在冰压力 p_i 作用下的径向变形为[100]：

$$u_i = -a_i \frac{1-2\nu_i}{E_i} p_i \tag{8-18}$$

式中，u_i 为冰压力 p_i 作用下的自由膨胀冰的径向位移；ν_i 为冰的泊松比；E_i 为冰的弹性模量。

孔隙水冰相变后冰的体积可表示为：

$$V_i = \frac{4}{3} \pi (a_i + u_i)^3 \tag{8-19}$$

由式（8-11）、式（8-14）和式（8-19）可得：

$$a_i + \nu_i = a + u_\varphi \tag{8-20}$$

由式（8-10）、式（8-12）、式（8-17）、式（8-19）、式（8-20）可得混凝土孔隙冰压力：

$$p_i = \frac{\sqrt[3]{1+\beta}-1}{\dfrac{1+2\varphi_0+(1-4\varphi_0)\nu}{2E_s(1-\varphi_0)} + \dfrac{\sqrt[3]{1+\beta}(1-2\nu_i)}{E_i}} \tag{8-21}$$

将式（8-21）代入式（8-8）中即可得到天然浮石混凝土等效拉应力，也就是混凝土冻胀应力：

$$\sigma_t = -\frac{\varphi(\sqrt[3]{1+\beta}-1)}{\dfrac{1+2\varphi_0+(1-4\varphi_0)\nu}{2E_s(1-\varphi_0)} + \dfrac{\sqrt[3]{1+\beta}(1-2\nu_i)}{E_i}} \tag{8-22}$$

8.4.2　模型计算与误差分析

模型中所用到的参数汇总见表8-6。

表8-6　冻胀应力模型参数取值

参数	β	ν	ν_i	E_i	E
取值	0.09	0.16	0.33	9×10^3MPa	2.1×10^4MPa

将表8-6中的参数及前文中结冰孔隙变化数据代入天然浮石混凝土冻胀应力模型中，可得到三种吸水率下的天然浮石混凝土冻胀应力随温度变化的计算值，并与试验值作比较，结果见图8-13。由图可知，该模型计算值与试验值增长趋势相同。吸水率2%的天然浮石混凝土冻胀应力在0℃时其计算值略大于试验值，这可能是由于浮石骨料孔隙含水量较少，且多分布在小毛细孔等较小孔隙中，冻结温度低，结冰量少，因此在降温前期产生的冻胀应力也较小。同样的，吸水率6%的天然浮石混凝土冻胀应力在0～－20℃时其计算值略小于试验值，这可能是因为当浮石孔隙含水量较高时，易于结冰的中等毛细孔隙孔隙水占比较高，随着温度的降低，这部分孔隙水快速结冰，使得产生的冻胀应力略大于计算值。这说明天然浮石混凝土含水孔隙的孔结构分布会影响结冰规律，进而对冻胀应力的变化造成影响，从而使得试验值与计算值产生误差。随着温度的降低，孔隙水结冰量增长趋于平缓，冻胀应力的计算值与试验值的差值也越来越小，－30℃时，2%、4%、6%吸水率的天然浮石混凝土冻胀应力试验值与计算值的误差分别为5.49%、5.68%、5.30%，这表明，该模型能够较好地预测天然浮石混凝土冻胀应力的变化规律。

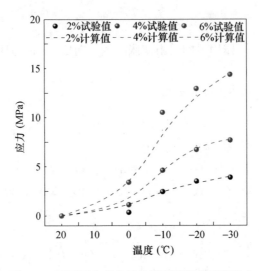

图 8-13　不同吸水率的天然浮石混凝土冻胀应力

8.5　天然浮石混凝土冻胀数值模拟

COMSOL Multiphysics 是一款具有强大的多物理场耦合能力和非线性微分方程组求解能力的有限元软件，使用 COMSOL 软件的二次开发功能，基于混凝土温度场控制方程和水分场控制方程，建立天然浮石混凝土水热耦合数值模型，进行混凝土低温冻胀数值模拟。

8.5.1　温度场和水分场控制方程

基于傅里叶定律，考虑相变潜热的混凝土热传导方程为[101]：

$$\rho C(\theta)\frac{\partial T}{\partial t}=\lambda(\theta)\nabla^2 T+L\cdot\rho_i\frac{\partial\theta_i}{\partial t}\qquad(8\text{-}23)$$

式中，∇ 为微分算子，在该模型中为 $[\partial/\partial x,\ \partial/\partial y]$；$T$ 为混凝土的瞬时温度，℃；t 为时间，s；θ 为含水率；θ_i 为孔隙冰体积含量；ρ 为混凝土密度，kg/m³；ρ_i 为冰的密度，kg/m³；L 为相变潜热，J/kg；$\lambda(\theta)$ 为导热系数，W/（m·℃）；$C(\theta)$ 为体积比热容，J/（kg·℃）。

由前文可知，低温下混凝土中存在未冻水。基于 Richard 方程[102]，混凝土的未冻水迁移微分方程为：

$$\frac{\partial\theta_u}{\partial t}+\frac{\rho_i}{\rho_w}\cdot\frac{\partial\theta_i}{\partial t}=\nabla[D(\theta_u)\nabla\theta_u+k_g(\theta_u)]\qquad(8\text{-}24)$$

式中，θ_u 为混凝土未冻水的体积含量；k_g 为重力加速度方向的混凝土渗透系数。混凝土中水的扩散率 $D(\theta_u)$ 计算如下：

$$D(\theta_u)=\frac{k(\theta_u)}{c(\theta_u)}\cdot I\qquad(8\text{-}25)$$

$$k(\theta_u)=k_s\cdot S^l\left[1-(1-S^{1/m})^m\right]^2\qquad(8\text{-}26)$$

$$c(\theta_u)=am/(1-m)\cdot S^{1/m}(1-S^{1/m})^m \tag{8-27}$$

$$I=10^{-10\theta_i} \tag{8-28}$$

$$S=\frac{\theta_u-\theta_r}{\theta_s-\theta_r} \tag{8-29}$$

式中，$k(\theta_u)$ 为混凝土的渗透率，m/s；$c(\theta_u)$ 为比水容量，1/m，由滞水模型确定[102]；I 为阻抗因子[103]，表示孔隙冰对未冻水迁移的阻滞作用；k_s、l、m、a 为滞水模型系数；S 为混凝土相对饱和度；θ_r 为残余含水率；θ_s 为饱和含水率。

8.5.2　确定数值模拟关键参数

温度场和水分场方程中建立了温度 T、未冻水含量和孔隙冰含量之间的关系，再结合水冰相变过程中的未冻水和孔隙冰之间的体积变化，便可以建立完整的混凝土水热耦合数值模型。徐学祖[104]给出了未冻水含量经验关系表达式：

$$\frac{w_0}{w_u}=\left(\frac{T}{T_f}\right)^B,\ T<T_f \tag{8-30}$$

式中，T_f 为混凝土冻结温度，℃；w_0 为土体的初始含水率（%）；w_u 为负温度为 T 时的未冻水含水率，%；B 为常数，可根据孔隙水与未冻水的关系得出。

白青波[105]定义了冰水比 B_i 来表示孔隙冰体积与未冻水体积之比：

$$B_i=\frac{\theta_i}{\theta_u}=\frac{\rho_w}{\rho_i}\left(\frac{T}{T_f}\right)^B-1 \tag{8-31}$$

8.5.3　COSMOL 中水-热耦合数值模型的建立

通过 COMSOL 中 PDE 模块，输入由温度场控制方程和水分场控制方程转换而来的偏微分方程，进行二次开发，实现混凝土水热耦合数值模型的建立。PDE 模块中系数型偏微分方程的标准形式为：

$$e_a\frac{\partial^2 u}{\partial t^2}+d_a\frac{\partial u}{\partial t}+\nabla\cdot(-c\,\nabla u-\alpha u+\gamma)+\beta\cdot\nabla u+\varphi u=f \tag{8-32}$$

式中，u 为所要求的变量；e_a 为质量系数；d_a 为阻尼系数；c 为扩散系数；β 为对流系数；α 为保守通量对流系数；γ 为保守通量源项；φ 为吸收系数；f 为源项。

将公式（8-23）和公式（8-24）转换为标准系数型形式：

$$\begin{cases}\rho C(\theta)\dfrac{\partial T}{\partial t}+\nabla\cdot\left[-\lambda(\theta)\,\nabla T\right]=L\cdot\rho_i\dfrac{\partial\theta_i}{\partial t}\\[2mm]\dfrac{\partial\theta_u}{\partial t}+\nabla\cdot\left[-D(\theta_u)\,\nabla\theta_u-k_g(\theta_u)\right]+\dfrac{\rho_i}{\rho_w}\cdot\dfrac{\partial\theta_i}{\partial t}=0\end{cases} \tag{8-33}$$

将方程组（8-33）输入到 PDE 模块，即可得到水热耦合数值模型。

8.5.4　模型验证

建模过程中所需要的参数取值如表 8-7 所示。模型网格划分如图 8-14 所示，左右两边界条件为辊支承约束，底端为固定约束。模型顶部温度为－30℃，底部温度略高于冰点，设置为 2℃，降温过程为 10h。

表 8-7　模型参数

参数	符号	取值
混凝土导热系数	$\lambda(\theta)_s$	1.1W/（m·K）
水导热系数	$\lambda(\theta)_w$	0.63W/（m·K）
冰导热系数	$\lambda(\theta)_i$	2.31W/（m·K）
相变潜热	L	3.34×10^5J/kg
冰密度	ρ_i	931kg/m³
水密度	ρ_w	1000kg/m³
混凝土密度	ρ_s	1800kg/m³
饱和含水率	θ_s	0.45
残余含水率	θ_r	0.05
混凝土冻结温度	T_f	272.36K
水冰比相关系数	B	0.17
VG 模型参数	k_s	10^{-7}m²·s⁻¹
VG 模型参数	l	0.5
VG 模型参数	m	0.5
VG 模型参数	a	2m⁻¹

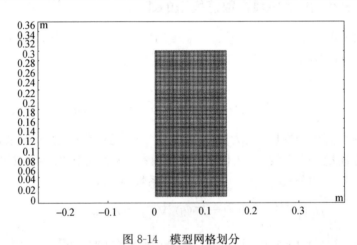

图 8-14　模型网格划分

　　图 8-15 所示为 6‰吸水率的混凝土在不同时间的应变云图。由图可知，随着温度的降低，混凝土冻胀应变在不断增大，且增加的趋势逐渐放缓。在前 200min，大量孔隙水完成水冰相变，产生了较大的冻胀应变。400min 时水冰相变基本完成，和 600min 时的应变峰值相差不多。冻胀应变发展规律与试验结果有良好的一致性，浮石混凝土在降温前期（0～−10℃），孔隙水快速结冰的阶段，由此产生了较大的冻胀应力，使得该阶段混凝土冻胀应变快速增长。随着温度的进一步的降低，混凝土水冰相变速度放缓，冻胀应变增大速度也随之减慢。

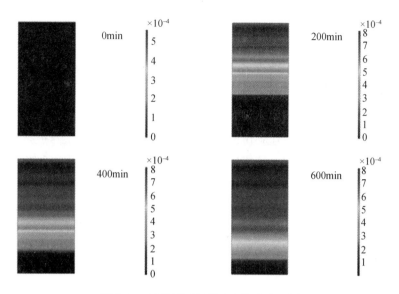

图 8-15 天然浮石混凝土冻胀应变云图

将混凝土冻胀应变模拟值代入公式（8-1）计算出冻胀应力，并与试验值进行对比，结果如图 8-16 所示。由图可知，冻胀应力的模拟值与试验值有着相同的增长趋势，且 2％和 6％吸水率的浮石混凝土冻胀应变误差较小，仅有 4％吸水率略有误差，表明该数值模型建立得较为合理。

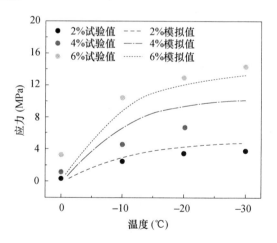

图 8-16 冻胀应力模拟值与试验值

9 冻土区天然浮石混凝土抗压强度试验研究

冻土区天然浮石混凝土抗压强度的影响因素较多，如水胶比、养护条件、龄期、温度、吸水率[22]等，而当混凝土结构服役后对其强度影响较大的是自身吸水率和外界环境温度。Chatterji[101]认为含有冰的多孔材料比原来的材料坚固得多，冰对冻结物质强度的贡献比从大块冰本身的强度所预期的要高，因此仅考虑以孔隙水冻结后冰的强度作为抗压强度增量是不妥的，还要考虑冰在膨胀过程中产生的冻胀应力。本章利用自制低温压力试验装置对不同吸水率的天然浮石混凝土进行冻土区抗压强度试验，旨在探究冻土环境下天然浮石混凝土抗压强度变化规律，并对影响抗压强度变化的因素进行分析，最终结合前文结冰量和冻胀应力发展规律，建立天然浮石混凝土抗压强度预测模型。

9.1 试验概况

9.1.1 试件设计

制作尺寸为 100mm×100mm×100mm 的天然浮石混凝土立方体试件，浇筑 24h 后待试件成型拆模，放置在（20±2）℃、湿度大于 95％的环境中养护 28d。另制备相同尺寸的混凝土试样一块，在试样中心埋置温度传感器，作为测温试样，放在相同的环境中养护。将养护好的天然浮石混凝土试件放入烘箱，在 105℃的温度下烘干。将天然浮石混凝土分为三组，使用真空饱水仪进行饱水，使三组试件分别达到 2％、4％、6％的吸水率，然后使用保鲜膜对试件进行水下包裹，以免混凝土中的水分流失。抗压强度试验的试件分组见表 9-1。

表 9-1　天然浮石混凝土抗压强度试验分组

吸水率（％）	试件数量（块）	试件尺寸（mm）
2	15	100×100×100
4	15	100×100×100
6	15	100×100×100

9.1.2 试验步骤

本试验设置 5 个温度节点，分别为 20℃、0℃、−10℃、−20℃、−30℃。将吸水率为 2％、4％、6％的天然浮石混凝土试件放入已经达到试验温度的低温压力装置中，开启压力机，测试不同吸水率的天然浮石混凝土在低温下的抗压强度变化，待试验结束后记录试验数据并清理仪器，进行下一组试验。

9.2   冻土区天然浮石混凝土抗压强度试验分析

9.2.1   破坏形态

　　不同温度下的天然浮石混凝土抗压强度试验表现出了相同的破坏规律，选择−30℃时三种吸水率的天然浮石混凝土抗压强度试验破坏形态进行分析，试件破坏形态如图9-1所示。从图中可以看出，受压破坏时，吸水率为2％的天然浮石混凝土只有一条贯穿试件的纵向裂缝，在试件底部接触面有少许破碎，基本没有碎屑脱落，其他未见明显破坏，保持着较高的完整性；吸水率为4％的天然浮石混凝土裂缝增加，除两条贯穿裂缝外，在试件的顶部还出现了一些细小的微裂缝，且伴有较大块的混凝土碎屑脱落；吸水率为6％的天然浮石混凝土在受压破坏后，一侧混凝土整体脱落，另一侧也出现较大宽度的贯穿裂缝，试件不再保持完整。

图 9-1　−30℃不同吸水率的天然浮石混凝土破坏形态

　　选取吸水率为6％的天然浮石混凝土在不同温度下的受压破坏形态，如图9-2所示，可以得到天然浮石混凝土降温过程中的破坏规律。由图可知，天然浮石混凝土受压破坏后界面呈对顶角锥形，且温度越低，破坏越严重，破坏后残留的角锥状试件越小，表现出脆性破坏的特征。这是因为天然浮石混凝土孔隙水结冰填充了孔隙，使得混凝土变得致密，提高了混凝土的弹性模量和抗压强度，且温度越低，结冰量越大，抗压强度越高，使得天然浮石混凝土脆性破坏形态越明显。

9.2.2   抗压强度试验结果

　　图9-3所示为不同吸水率的天然浮石混凝土抗压强度变化。由图可知，天然浮石混凝土抗压强度变化按温度区间可分为三个阶段：缓慢增长阶段（20～0℃）、快速增长阶段（0～−10℃）、平稳增长阶段（−10～−30℃）。

　　在缓慢增长阶段，三种吸水率的天然浮石混凝土试件的抗压强度随温度的变化曲线较为平缓，增长量较小，由前文对该温度区间的结冰量和冻胀应力变化分析可知，此温度段天然浮石混凝土内部的孔隙水大部分未冻结，结冰量少，因而产生的冻胀应力较小，混凝土抗压强度增长较慢。在快速增长阶段，2％、4％、6％吸水率的天然浮石混凝土抗压强度由0℃的31.34MPa、32.08MPa、33.65MPa增长到−10℃的33.12MPa、

图 9-2　不同温度下的浮石混凝土破坏形态

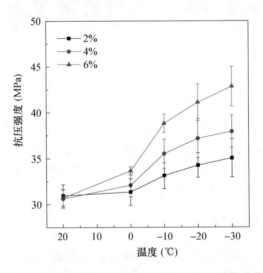

图 9-3　不同吸水率的天然浮石混凝土抗压强度变化

35.53MPa、38.95MPa，其抗压强度增量分别达到了总强度增量的 43.41％、47.07％
和 42.63％。在平稳增长阶段，此阶段天然浮石骨料混凝土的抗压强度增长速度放缓，
－30℃ 时，2％、4％、6％ 吸水率的天然浮石混凝土抗压强度为 35.05MPa、
37.95MPa、42.86MPa，分别较常温下的天然浮石混凝土抗压强度提高了 13.24％、
23.94％、39.56％。

9.3 冻土区天然浮石混凝土抗压强度影响因素分析

9.3.1 基于 RSM 分析抗压强度影响因素

使用 Design-Expert 软件对天然浮石混凝土抗压强度的影响因素进行 RSM 分析，采用 RCM 中的 Miscellaneous 设计，以吸水率（A）、温度（B）作为两个因素，以抗压强度（Y）作为响应进行两因素分析，两因素的取值范围及水平设置见表 9-2，试验设计及结果见表 9-3。

表 9-2 试验因素及水平

因素	编码	水平	
		低	高
吸水率（%）	A	2	6
温度（℃）	B	-30	0

表 9-3 试验设计及结果

编号	吸水率（A）（%）	温度（B）（℃）	试验结果
1	6	-30	42.86
2	6	-20	41.12
3	4	-30	37.95
4	4	-20	37.19
5	2	-30	35.05
6	2	-20	34.27
7	4	-10	35.53
8	6	-10	38.83
9	2	-10	33.12
10	4	0	32.08
11	4	-10	35.53
12	2	0	31.34
13	6	0	33.65

9.3.2 结果验证与分析

通过对试验设计的分析与计算，可得到天然浮石混凝土冻胀应力的二次曲面方程表达式：

$$Y=31.2075-0.3279A-0.2111B-0.0441AB+0.1355A^2-0.0061B^2 \qquad (9-1)$$

拟合后的相关系数 $R^2=0.9911$，说明该公式拟合程度较高，预测结果较为精确，使用该公式得到的计算值与试验值误差较小，满足要求。对式（9-1）进行方差分析，结果见表 9-4。

表 9-4　二次曲面方程的方差分析

Source	SS	df	MS	F	p
Model	140.45	5	28.09	155.50	<0.0001
A	64.30	1	64.30	335.92	<0.0001
B	63.34	1	63.34	350.65	<0.0001
AB	7.78	1	7.78	43.06	0.0003
A^2	0.89	1	0.89	4.95	0.0615
B^2	4.77	1	4.77	26.43	0.0013
Residual	1.26	7	0.18	—	—
Lack of fit	1.26	6	0.21	—	—
Pure error	0	1	0	—	—
Cor. total	141.72	12	—	—	—

图 9-4 所示为使用式（9-1）得到的试验值与预测值结果对比。由图可以看出，趋势线斜率约为 1，截距接近 0，表明式（9-1）计算结果有良好的预测精度；试验值与预测值几乎均匀地分布在一条直线上，证明了公式的有效性。

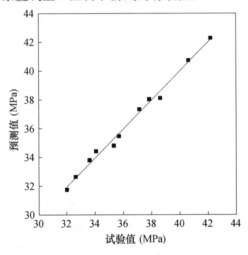

图 9-4　试验值与预测值结果对比

　　天然浮石混凝土抗压强度的等高线图如图 9-5 所示，三维响应曲面图如图 9-6 所示。由图可知，天然浮石混凝土抗压强度与温度呈反比关系，与吸水率呈正比关系。温度越低，吸水率越大，等高线图和三维响应图中的颜色越分别趋近于右下角和凸起的红色；反之，温度越高，吸水率越小，等高线图和三维响应图中的颜色越分别趋近于左上角和凹下的蓝色。观察天然浮石混凝土抗压强度等高线图，吸水率一定时，在 0～−10℃时等高线较为密集，说明该温度区间内抗压强度增长较快，抗压强度对该温度段更敏感；温度一定时，吸水率越大等高线越密集，这是因为吸水率决定结冰量的上限，同温度下吸水率越高则结冰量越大，使得抗压强度越大。这与 8.1 节中所得到的天然浮石混凝土抗压强度变化规律相同，因此运用 RSM 方法得到的天然浮石混凝土抗压强度的响应模型是可行且合理的。

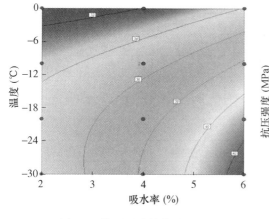
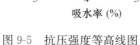

图 9-5 抗压强度等高线图

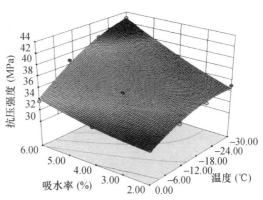

图 9-6 抗压强度三维响应曲面图

9.4 冻土区天然浮石混凝土孔结构对抗压强度的影响

天然浮石混凝土结冰量对抗压强度的增长起直接作用，但是天然浮石混凝土孔隙较多，孔径分布范围较广，孔隙水冰相变受孔径的影响，降温过程中不同孔径大小的毛细孔以及非毛细孔的结冰量有所不同，因此有必要对含水孔隙的孔径分布进行划分，探究不同孔隙对抗压强度增长的影响。

以小毛细孔、中毛细孔、大毛细孔和非毛细孔在不同温度区间内的结冰量为影响因素，使用灰熵法，分析不同孔隙结冰量对抗压强度增量的影响。以不同温度区间天然浮石混凝土抗压强度增量作为参考序列，可设为：

$$Y_i = \left[y_i(1), y_i(2), \cdots, y_i(k) \right] \tag{9-2}$$

式中，Y_i 为天然浮石混凝土抗压强度增量；$y_i(k)$ 为第 k 个温度区间的天然浮石混凝土抗压强度增量。

以混凝土小毛细孔结冰量（X_1）、中毛细孔结冰量（X_2）、大毛细孔结冰量（X_3）和非毛细孔结冰量（X_4）作为比较序列，可设为：

$$X_i = \left[x_i(1), x_i(2), \cdots, x_i(k) \right] \tag{9-3}$$

式中，X_i 为不同孔隙结冰量增量；$x_i(k)$ 为第 k 个温度区间的孔隙结冰量增量。

不同吸水率的参考序列和比较序列见表 9-5。

表 9-5 不同吸水率的原始序列

吸水率	温度区间（℃）	X_1（mm³）	X_2（mm³）	X_3（mm³）	X_4（mm³）	Y（MPa）
2%	20～0	0.0086	0.1751	0.0008	0.0009	0.39
	0～−10	0.0493	0.2838	0.0063	0.0104	1.78
	−10～−20	0.0108	0.1492	0.0044	−0.0053	1.15
	−20～−30	0.0204	0.1169	0	0.0064	0.78

吸水率	温度区间（℃）	X_1（mm³）	X_2（mm³）	X_3（mm³）	X_4（mm³）	Y（MPa）
4%	20～0	0.0257	0.1884	0.0097	0.0096	1.46
	0～−10	0.0686	0.6748	0.0183	0.0010	3.45
	−10～−20	0.0575	0.4496	−0.0149	0.0054	1.66
	−20～−30	0.0203	0.1072	0.0102	0.0026	0.76
6%	20～0	0.0513	0.4258	0.0451	0.0115	2.94
	0～−10	0.1386	1.2767	0.0293	−0.0022	5.18
	−10～−20	0.0881	0.7102	0.0078	0.0026	2.29
	−20～−30	0.0648	0.4522	−0.0076	0.0070	1.74

对原始序列按照以下步骤进行计算，可得到不同吸水率的天然浮石混凝土结冰量与抗压强度增量的灰熵关联度，结果见表 9-6。由表 9-6 可知，在不同吸水率下，对天然浮石混凝土抗压强度增量影响最大的均为中毛细孔结冰量，其灰熵关联度分别为 0.9963、0.9983、0.9991；对天然浮石混凝土抗压强度增量影响最小的均为非毛细孔，其灰熵关联度分别为 0.9450、0.9771、0.9554。由前文可知，天然浮石混凝土孔隙中，中等毛细孔的占比较大，其降温时结冰量较大，由冰膨胀产生的冻胀应力也就越大，直接影响抗压强度的增长；而天然浮石混凝土中的非毛细孔占比极小，且在降温前期孔隙水先结冰，使得非毛细孔对天然浮石混凝土抗压强度的增长影响不大。灰熵分析结果与前文研究结果一致，表明可以通过灰熵分析确定不同孔隙对天然浮石混凝土抗压强度增长的贡献。

表 9-6　灰熵关联度计算结果

指标	2%吸水率		4%吸水率		6%吸水率	
	灰关联熵	灰熵关联度	灰关联熵	灰熵关联度	灰关联熵	灰熵关联度
X_1	1.3756	0.9923	1.3839	0.9983	1.3831	0.9977
X_2	1.3812	0.9963	1.3839	0.9983	1.3850	0.9991
X_3	1.3784	0.9943	1.3575	0.9793	1.3462	0.9711
X_4	1.3100	0.9450	1.3545	0.9771	1.3244	0.9554

9.5　冻土区天然浮石混凝土抗压强度模型

9.5.1　考虑低温效应的天然浮石混凝土抗压强度平行杆模型

平行杆模型常被用于研究混凝土损伤规律[107-108]，其原理是将混凝土视为多个性质相同的连续杆件组成的平行杆系统，当混凝土受到破坏或损伤时，杆件的性能依次发生变化，进而对整体产生影响。混凝土可以视为各向同性的均质材料，将混凝土试块划分为 N 个平行杆单元组成的平行杆系统，如图 9-7（a）所示。

随着温度的降低，各杆件中的孔隙水逐个冻结。刘泉声[99]通过研究证明了混凝土球形单元中孔隙水冻结产生的冻胀冰压力 p_i 可以等效为球形单元表面的有效拉应力 σ_t，该有效拉应力 σ_t 即低温下天然浮石混凝土的冻胀应力。当冻结状态的天然浮石混凝土受压时，有效冻胀应力的存在可以抵消材料压缩时所受的力，起到"预应力"的作用，从而可以提高混凝土抗压强度。已冻结的杆件其杆单元性质发生改变，未冻结的杆件保持其原有性质，因此将冻土区天然浮石混凝土等效为如图 9-7（b）所示的层层冻结的边长为 a，冻结宽度为 x 的正方形混凝土模型。

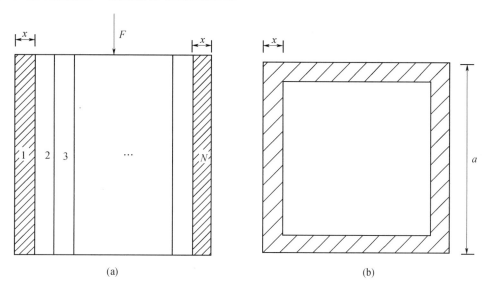

图 9-7　天然浮石混凝土抗压强度的平行杆模型

假设每根杆件可承受的应力均为 σ，则未冻结状态下的天然浮石混凝土可承受的外部应力为：

$$f_0 = N \cdot \sigma \tag{9-4}$$

当温度降低时，有 M 根杆冻结，这些杆因冻胀应力的存在而使得其抗压强度增强。假设它们能承受的应力为 $\gamma \cdot \sigma$，γ 为增强系数，可以用下式定义：

$$\gamma = \frac{\sigma + \sigma_t}{\sigma} = 1 + \frac{\sigma_t}{\sigma} \tag{9-5}$$

因此，冻结状态下的天然浮石混凝土抗压强度可以表示为：

$$f_{cu}(T) = (N-M)\sigma + M\gamma\sigma \tag{9-6}$$

联立式（9-5）与式（9-6）可得：

$$f_{cu}(T) = \left(1 + \frac{\sigma_t}{\sigma} \cdot \frac{M}{N}\right) \cdot f_0 \tag{9-7}$$

式（9-7）中，M/N 可转换为已冻结混凝土与整个混凝土试件的面积之比，即：

$$f_{cu}(T) = \left(1 + \frac{\sigma_t}{\sigma} \cdot \frac{a^2 - (a-2x)^2}{a^2}\right) \cdot f_0 \tag{9-8}$$

用 $F(r)$ 表示已冻结的孔隙体积占全部孔隙体积的比率，即结冰孔隙累积体积分数，则冻结深度 x 与结冰孔隙累积体积分数的关系可用下式表示：

$$2x = F(r) \cdot a \tag{9-9}$$

将式（9-9）代入式（9-8）中整理可得：

$$f_{cu}(T)=\left(1+\frac{\sigma_t}{\sigma}\left[2F(r)-F(r)^2\right]\right)\cdot f_0 \qquad (9\text{-}10)$$

式（9-10）为天然浮石混凝土低温抗压强度平行杆模型，由该公式可知，天然浮石混凝土低温抗压强度与结冰孔隙累积体积分数 $F(r)$ 和冻胀应力 σ_t 有关，因此需要对天然浮石混凝土结冰孔隙累积体积分数 $F(r)$ 和冻胀应力 σ_t 进行求解。

9.5.2　模型参数的求解

混凝土孔隙中发生水冰相变的温度与孔隙半径有关，半径越小，孔隙水冻结温度越低。因此，结冰孔隙累积体积分数 $F(r)$ 可以表示为最小结冰孔隙半径 r 的函数。已有研究表明[109-110]，混凝土结冰孔隙累积体积多呈指数分布的形式，可用下式表达：

$$F(r)=1-e^{-A/r} \qquad (9\text{-}11)$$

式中，A 为与混凝土孔隙分布相关的参数。

混凝土结冰孔隙的半径不便于测量，由于孔隙的半径大小与温度 T 有关，因此可根据 Gibbs-Thomson 关系式[111]建立结冰孔隙半径与温度的关系：

$$\Delta T=\frac{\gamma_{wi}\kappa}{\rho_i e}T_0 \qquad (9\text{-}12)$$

式中，$\Delta T=T_0-T$，T_0 为标准大气压下水开始结冰的温度，取 273.15K；γ_{wi} 为水冰界面自由能，取 $40.9\times10^{-3}\text{kg/s}^2$；$\rho_i$ 为冰的密度，取 917kg/m^3；e 为水冰相变潜热，取 $334\times10^3\text{m}^2/\text{s}^2$；$\kappa$ 为结冰孔隙的曲率，假设孔隙形状为球形，则有 $\kappa=2/r$。

结合式（9-11）、式（9-12），天然浮石混凝土结冰孔隙累积体积分数为：

$$F(r)=1-e^{-A\rho_i e\Delta T/2\gamma_{wi}T_0} \qquad (9\text{-}13)$$

对试验数据进行指数拟合，可得到参数 A，假设 2%、4%、6% 吸水率的参数分别为 A_1、A_2、A_3，其数值及对应的 R^2 如图 9-8 所示。

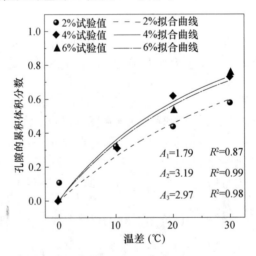

图 9-8　结冰孔隙的累积体积分数

9.5.3　计算结果验证与误差分析

结合 8.4.1 节，将式（9-13）和式（8-22）代入式（9-10）中即可得到天然浮石混凝土低温抗压强度平行杆模型。模型中所用到的参数取值汇总见表9-7。使用平行杆模型得到天然浮石混凝土低温抗压强度计算值与试验值对比如图9-9所示。由图9-9可知，2%、4%吸水率的天然浮石混凝土抗压强度预测值与试验值符合程度较高，6%吸水率的天然浮石混凝土抗压强度预测值在降温前期与试验值相差不大，−30℃时，其计算值与试验值的差值逐渐加大。这可能是因为随着天然浮石混凝土孔隙水含量的增加，孔隙水低温冻结产生的冻胀应力过大，超过了天然浮石混凝土本身的强度，造成了天然浮石混凝土内部的损伤，使混凝土抗压强度下降，从而小于计算值。2%、4%、6%吸水率的天然浮石混凝土抗压强度模型的平均误差分别为1.74%、2.61%、7.42%，这表明该模型具有一定的合理性，可以用来预测低温环境下天然浮石混凝土抗压强度的变化。

表9-7 冻胀应力模型参数取值

参数	水的体积膨胀系数 β	天然浮石混凝土泊松比 υ	冰的泊松比 υ_i	冰的弹性模量 E_i	天然浮石混凝土的弹性模量 E
取值	0.09	0.16	0.33	9×10^3 MPa	2.1×10^4 MPa

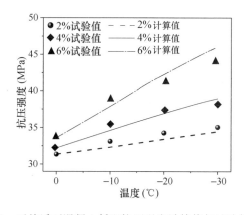

图9-9 天然浮石混凝土低温抗压强度计算值与试验值对比

10 冰凌期天然浮石混凝土磨损规律研究

内蒙古黄河段冰期漫长，服役于此地区的水工结构都会面临冰凌磨损问题，使结构产生疲劳裂纹、材料脱落等表层缺陷，严重影响水工结构的服役年限。在此情况下，研究新型水工混凝土材料在冰磨损作用下的损伤规律及劣化过程，对开发新型水工混凝土材料及新型主体防护结构具有重要的理论意义及现实意义。磨损量对于水工混凝土结构的耐久性及安全服役性能有着重要影响，而服役于冰凌环境作用下的水工混凝土磨损现象往往是由多个影响因素共同作用而导致的混凝土表层损失现象。本章通过冰-天然浮石混凝土磨损损伤试验，分析了不同强度等级（包括由强度等级改变引起的浮石骨料含量、胶凝材料硬度、水灰比的变化）以及不同接触压力、不同环境温度作用下天然浮石混凝土的磨损量变化规律，并通过灰关联熵分析法分析了各个影响因素对磨损量的关联程度。

10.1 试验概况

10.1.1 试验原材料和配合比设计

试验原材料与 2.1 节一致。

依据《水工混凝土结构设计规范》（SL 191—2008）的规定，一般选取强度等级为 C20~C40 的混凝土浇筑桥墩等大体积水下构筑物，对于非结构性的混凝土建筑构件，强度大于 C20 即可。因此，本章选用孔隙分布较好的天然浮石作为粗骨料配制 LC20、LC30、LC40 三种不同强度等级的天然浮石混凝土，同时按照《轻骨料混凝土技术规程》（JGJ 51—2002）的规定对天然浮石混凝土进行配合比设计，各个强度等级天然浮石混凝土的水胶比均满足《水工混凝土施工规范》（SL 677—2014）中水流冲刷部位浇筑混凝土的最大水胶比为 0.5 的要求。具体配合比详见表 10-1。

表 10-1 天然浮石混凝土配合比

组别	水泥 (kg/m³)	水 (kg/m³)	浮石 (kg/m³)	砂 (kg/m³)	粉煤灰 (kg/m³)	减水剂 (kg/m³)	水胶比	抗压强度 (MPa)	
								7d	28d
LC20	270	150	562	841	75	2.415	0.43	15.7	23.43
LC30	352	144	550	739	80	3.024	0.33	22.3	320.2
LC40	374	136	530	644	85	3.213	0.3	32.5	41.1

10.1.2 试样制作

试件制作步骤如下：

（1）利用颚式破碎机（图 10-1）以及标准振筛机（图 10-2）对大粒径的天然浮石骨

料进行破碎及筛选,保证浮石骨料颗粒级配良好。

(2)按照《轻骨料混凝土技术规程》(JGJ 51—2002)中规定的拌和方法进行混凝土搅拌;搅拌均匀后倒入 100mm×100mm×400mm 的试模,为了提高天然浮石混凝土的密实性,确保胶凝材料填满浮石骨料表面孔隙,增强胶凝材料与粗骨料的整体性,需要将试模放置在振动台上振动插捣 30s;放置于室温条件下养护 24h 后,在标准养护室进行 28d 养护。

(3)使用切割机(图 10-3)将试块切割成 30mm×45mm×180mm 的长方体,使其轮廓尺寸满足磨损试验设备的要求、内部结构充分暴露满足试验内容的要求。切割完成后的试样如图 10-4 所示。

图 10-1　颚式破碎机

图 10-2　标准振筛机

图 10-3　切割机

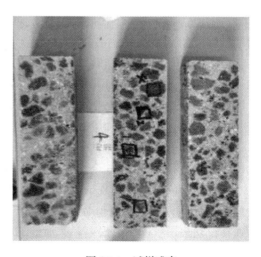

图 10-4　试样准备

10.1.3 冰-天然浮石混凝土磨损试验

为了对冰与混凝土之间的特殊磨损过程及损伤机制进行针对性的研究与深入分析，本节采用自制试验设备进行冰-混凝土磨损损伤试验。该试验设备主要由主体底板、低温恒温水浴、往复循环设备，持冰筒、冷却液循环夹层组成。试验装置示意图如图 10-5 所示，其中往复机配有变速电机，可以利用齿轮减速箱及电子调速设备调节并固定冰凌滑动速度，利用 DLSB-5/120 型低温恒温水浴调节控制试验所需要的环境温度，该装置制冷温度范围为－90～40℃，可替代干冰及液氮完成低温反应，保证冷却液循环夹层中的冷却液保持稳定的低温状态，从而达到控制试验环境温度的效果。为了避免实验室环境对温度的影响，精准控制试验环境温度，在冷却液循环夹层外贴聚丙烯保温层，以减小试验误差。该试验装置及试验方法，更加具有针对性地模拟冰磨损混凝土表面造成损伤的劣化过程。

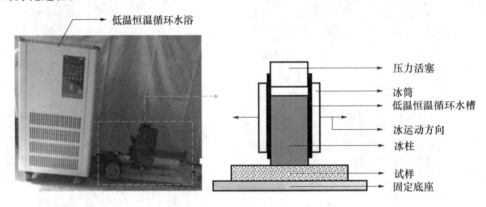

图 10-5 冰-混凝土磨损装置示意图

为了更好地反映不同服役环境作用下的冰-混凝土磨损损伤程度，本试验研究 5 个温度节点（0℃、－5℃、－10℃、－15℃、－20℃）及 5 个接触压力（1kPa、2kPa、3kPa、4kPa、5kPa）作用下 LC20、LC30、LC40 天然浮石混凝土在冰磨损过程中的损失规律。在进行磨损试验之前，先在暴露表面上选择 5 个标记点，利用电子螺旋测微仪测量标记点初始厚度 h_0（单位：mm，精确至 0.001mm）。具体试验步骤及试验工况如下：

（1）将切割好的试块固定在混凝土抗冰磨损试验装置底板上，将预制好的冰装入持冰筒内，调整试验设计的接触压力（1～5kPa）以及试验温度（0～－20℃）。

（2）待环境温度达到试验设计温度后，启动往复设备电源开关，冰块随着往复机的运动在混凝土试块表面上进行往复运动，对混凝土表面进行磨损试验。

（3）使用电子螺旋测微仪分别记录试块不同标记点处的厚度 h_i，并计算出磨损路径为 i km 时的磨损量（取 5 个标记点的平均磨损量作为天然浮石混凝土的最终磨损量，为了保证试验的精确性，减少试验误差，当 5 个点中最大值和最小值与中间值之差超过中间值的 15% 时，该测量值舍去），测量前应对试块表面进行清洗，以减少脱落的磨粒覆盖在试块表层引起测量误差，磨损量 H 计算公式如下：

$$H = \frac{\sum_{m=1}^{5}(h_0 - h_{mi})}{5} \qquad (10\text{-}1)$$

式中：h_0 为标记点初始厚度（mm，所有称重精确至 0.001mm）；h_{mi} 磨损路径为 i km 时的标记点 m 处的厚度（mm）。

具体试验分组工况见表 10-2。

表 10-2 试验分组工况

工况	接触压力（kPa）	环境温度（℃）	强度等级（MPa）		
工况一	1	−10	LC20	LC30	LC40
工况二	2	−10	LC20	LC30	LC40
工况三	3	−10	LC20	LC30	LC40
工况四	4	−10	LC20	LC30	LC40
工况五	5	−10	LC20	LC30	LC40
工况六	3	0	LC20	LC30	LC40
工况七	3	−5	LC20	LC30	LC40
工况八	3	−15	LC20	LC30	LC40
工况九	3	−20	LC20	LC30	LC40

10.1.4 纳米压痕试验

纳米压痕测试是一种先进的微尺度测量设备，压头的压入使得压头附近的材料产生弹性变形，随着荷载的增加，压头逐渐深入而产生塑性变形。卸载压头后，由于塑性变形产生的压痕裂纹无法恢复。试验时通过持续测量作用在压头上的实时荷载值与压头压入样品表面的深度获得荷载-位移曲线 [图 10-6 (a)]，并根据此曲线的发展趋势计算所测试材料的硬度。

纳米压痕硬度测试基本公式如下：

$$h_c = \frac{2(V_E - 1)}{2V_E - 1} \cdot h_{max} \qquad (10\text{-}2)$$

$$h_{max} - h_c = \varepsilon \frac{P_{max}}{s} \qquad (10\text{-}3)$$

最大接触荷载的计算方法如下：

$$P_{max} = (h_{max} - h_c) \cdot \frac{s}{\varepsilon} \qquad (10\text{-}4)$$

相应荷载作用下的投影面积以及接触深度的关系如下：

$$A_c = 24.5 h_c^2 \qquad (10\text{-}5)$$

由式（10-2）～式（10-5）推导出硬度与最大接触荷载以及相应荷载作用下的投影面积存在如下关系：

$$H = \frac{P_{max}}{A_c} \qquad (10\text{-}6)$$

式中，A_c 为相应荷载下的接触投影面积，m^2；V_E 为弹性能量比，无量纲；h_c 为接触深度，m；h_{max} 为最大位移，m；P_{max} 为接触最大荷载，N；ε 为有效应变。

本节选用美国安捷伦 U9820A Nano Indenter G200 型纳米压痕测试仪［图 10-6（b）］进行硬度测试，压头位移分辨率达到 0.02nm，荷载分辨率达到 50nN。试验步骤：首先利用取芯机对天然浮石混凝土试块进行取芯操作，取芯尺寸为 $\phi12mm \times 20mm$；之后利用研磨机对试块上下表面进行研磨，减少上下表面凹凸不平的同时，要求上下表面呈平行状态；最后对试件上下表面进行抛光处理，直至上下表面呈现金属光泽（图 10-7）。

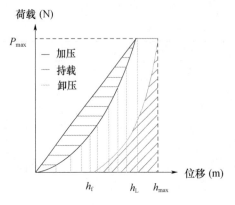

(a) 纳米压痕荷载–位移变化曲线示意图　　　　(b)安捷伦纳米压痕测试仪

图 10-6　纳米压痕

图 10-7　纳米压痕试样

10.2　不同强度等级对天然浮石混凝土磨损量的影响

强度等级是影响水工混凝土磨损量的重要因素。为了进一步分析天然浮石混凝土强度等级对磨损量的影响趋势，本节对 LC20、LC30、LC40 天然浮石混凝土在不同工况作用下的磨损量均值进行分析。

图 10-8 所示为不同强度等级的天然浮石混凝土的磨损量均值。同一强度等级的天然浮石混凝土在不同工况（接触压力、环境温度）作用下的磨损量均值存在 LC20＞LC30＞LC40 的关系；LC40 的磨损量均值分别为 LC30、LC20 的 44％、20％；观察相同强度等级天然浮石混凝土在不同工况下的磨损量变化范围，发现强度等级较低的 LC20 天然浮石混

凝土磨损量分布范围较广，随着强度等级的提高，磨损量均值分布范围逐渐减小，说明随着强度等级的提高，其引起的磨损量波动逐渐减小，LC40 的磨损量分布范围分别为 LC20、LC30 的 40％、15％。说明提高混凝土强度等级不但可以减少磨损，还可以降低接触压力及环境温度对磨损量的影响，充分发挥天然浮石混凝土的耐冰磨损性能。

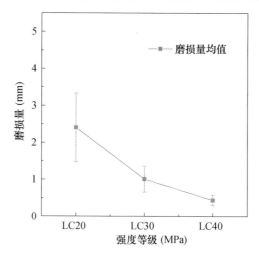

图 10-8　不同强度等级天然浮石混凝土的磨损量均值

天然浮石混凝土的强度等级主要取决于浮石骨料体积分数、胶凝材料硬度以及水胶比。何真在关于水工混凝土磨蚀磨损的研究中提出水灰比、骨料及胶凝材料的硬度是影响混凝土磨损量的重要因素[112]。Zhang Y M 在对混凝土磨损量的研究过程中发现，骨料的性能以及含量对混凝土的磨损量起到一定的影响[113]。由此，本章从浮石骨料体积分数、胶凝材料硬度以及水胶比三个方面深入分析混凝土强度等级与磨损量之间的内在联系。

10.2.1　浮石骨料体积分数对磨损量的影响

由于冰-混凝土磨损是发生在接触界面的损伤行为，因此采用浮石骨料体积分数作为影响磨损量的因素进行分析。由图 10-9（浮石骨料体积分数与磨损量的关系）可以看出，当浮石骨料体积分数增大时，磨损量均值随之增加；当浮石骨料体积分数由 33％ 增加到 47％ 时，平均磨损量增幅高达 79％。通过分析发现，在保证天然浮石混凝土具有轻质以及优异工程适用性的情况下，通过对浮石含量的调整可以制备出满足水利工程需求的轻骨料混凝土。这是因为浮石本身拥有较高强度，其与胶凝材料协同工作起到相辅相成的效果。具体原因：其一，大体积的天然粒径浮石需要经过粉碎筛选制备出颗粒级配良好的小粒径浮石，粉碎的过程消除了大部分浮石内部天然缺陷[114]，所以制备混凝土的小颗粒浮石一般都具有较高的强度以及较稳定的耐磨性；其二，由于砂浆对浮石的约束作用限制了受压时浮石骨料的横向扩张，同时也限制了冰磨损时浮石的横向变形，从而导致其磨损量降低[115]。此外，浮石表面粗糙能够与胶凝材料产生较好的黏结作用，使得天然浮石混凝土内部最薄弱的界面过渡区不易出现裂缝，具有良好的强度以及整体性，使得天然浮石混凝土具有一定的整体耐磨性能；其三，磨损过程中，由于部分浮石骨料脱离混凝土表面而形成游离磨粒，但由于脱落的浮石颗粒硬度低于普通骨料，从而减小了对胶凝材料的磨粒磨损损伤，使天然浮石混凝土表现出较好的耐冰磨损性能。

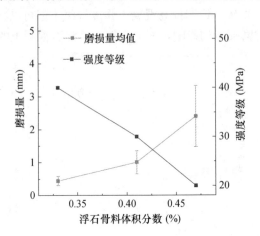

图 10-9　浮石骨料体积分数与磨损量的关系

10.2.2　胶凝材料硬度对磨损量的影响

在 Michael 的研究中，硬度是影响材料耐磨性的重要指标，随着硬度的提高，胶凝材料抵抗弹塑性变形以及抵御破坏的能力都随之提高[116]。图 10-10（胶凝材料硬度与磨损量的关系）显示，随着胶凝材料硬度的提高，天然浮石混凝土平均磨损量随着强度等级提高而显著降低，胶凝材料硬度每提高 0.1GPa，平均磨损量下降 0.12mm。这是由于提高胶凝材料表面硬度，可以有效提高材料抵抗切削磨损、冲击磨损的能力，特别是抵抗切削磨损的能力尤为显著[117]。

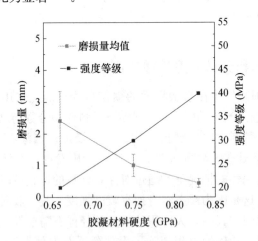

图 10-10　胶凝材料硬度与磨损量的关系

10.2.3　水胶比对磨损量的影响

图 10-11 所示为水胶比与磨损量的关系，从图中可以看到，随着水胶比的提高，天然浮石混凝土强度等级下降，平均磨损量呈现上升趋势，水胶比与天然浮石混凝土磨损

量呈现反比例关系，当水胶比降低 30.2％时，平均磨损量增加了 1.9mm。由此可见，在合理范围内调整水灰比可以起到降低混凝土磨损量的作用。这是由于天然浮石混凝土随着水灰比的降低，胶凝材料掺入量增多，有效地减少了水化过程中产生的连通孔隙，使得混凝土自身密实性增加，内部孔结构得到改善，胶凝材料对骨料的握裹力以及黏结力都有所增强，天然浮石混凝土的磨损量得到有效降低[118]。

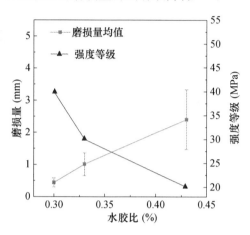

图 10-11　水胶比与磨损量的关系

10.3　接触压力对天然浮石混凝土磨损量的影响

图 10-12 所示为不同接触压力作用下天然浮石混凝土的磨损量变化曲线，当环境温度固定为－10℃时，不同强度等级天然浮石混凝土的磨损量均随着接触压力的增大而增大：当接触压力由 1kPa 增加到 3kPa 时，磨损量增长趋势较为缓慢，其中 LC30 组天然浮石混凝土在此区间的磨损量增加了 39％；而当接触面压力由 3kPa 增加到 5kPa 时，磨损量呈现快速增长趋势，其中 LC30 组天然浮石混凝土在此区间的磨损量增加了 58.7％。在关于材料的磨损研究中，普遍认为磨损量与接触压力成正比例关系[119]，即

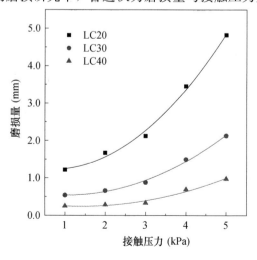

图 10-12　不同接触压力作用下天然浮石混凝土磨损量的变化曲线

接触压力的增大会导致天然浮石混凝土的磨损量增加。Møen 在研究中发现：冰与混凝土发生磨损时的接触半径 a 与接触压力成正相关的关系，而磨损过程中产生的脱落颗粒与 a^3 成正相关的关系，这样的比例关系说明冰与混凝土之间的接触压力增大时，表面颗粒脱落导致磨损量加速上升[120]。这一研究很好地解释了接触压力作用下的磨损量曲线成指数型增长趋势的原因。

10.4　环境温度对天然浮石混凝土磨损量的影响

图 10-13 所示为不同环境温度作用下天然浮石混凝土的磨损量曲线，在相同接触压力作用下，磨损量随着环境温度的降低而增大，与接触压力对磨损量影响趋势显著不同的是，磨损量的增长率并没有随着温度的降低而持续上升：当环境温度由 0℃ 降低至 −15℃ 时，曲线呈现明显的上升趋势；当温度低于 −15℃ 时，磨损量的增长趋势反而减缓。根据现有研究表明：冰块的极限抗压强度受温度影响显著，随着冰块温度的降低，极限抗压强度增大，而 −15∼20℃ 趋于平缓[121]。另一研究报告显示冰的抗劈拉强度在 0 至 −10℃ 呈现快速增强趋势，而温度继续降低时，其抗劈拉强度增强趋势减缓[122]。由此可见，冰的性能并不会随着温度的降低而呈现线性强化趋势。此外，Bowden证明当滑块在冰面上滑行时，由于摩擦生热而使得接触面上产生一层水膜，当温度降低时水膜会逐渐减少。Bluhm[123]在研究薄冰摩擦问题时发现水膜不仅没有起到润滑作用，还使得摩擦力增大。此外，在混凝土-冰-水接触区磨损中存在三体效应[124-125]，并且水会放大材料之间的三体磨损效应[126]。随着环境温度的逐渐降低，天然浮石混凝土表面的水不断减少，三体磨损现象减弱。这些研究很好地解释说明了不同环境温度作用下磨损量的发展趋势：随着温度的不断降低，冰的自身性能没有持续强化，水膜对天然浮石混凝土磨损产生的影响逐渐减小，磨损量虽然显示持续上升趋势，但上升速度有所减缓。

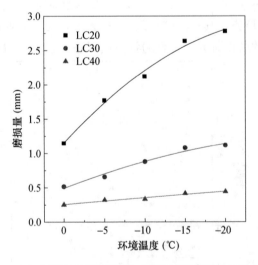

图 10-13　不同环境温度作用下天然浮石混凝土的磨损量

10.5 以三因素为变量的磨损模型分析

灰熵分析法是一种针对动态系统发展态势的定量分析的方法，可以在样本数量少、信息不全面的条件下对数据进行充分的分析。利用灰熵法对不同工况作用下天然浮石混凝土的磨损量进行数据处理，可以分析出影响混凝土磨损量的主要关联因素与次要因素。

10.5.1 基于灰熵法的磨损量影响因素分析

（1）确定参考列 Y_i 以及比较列 X_i

本章将参考列定义为天然浮石混凝土磨损量。将比较列定义为浮石骨料体积分数、胶凝材料硬度、水胶比、接触压力、环境温度这5个与磨损量相关的影响因素。

（2）数据均值化处理

考虑参考列和比较列之间量纲存在差异性，为了提高比较结果的精确性，需要对两者进行无量纲化处理。本节采用均值法进行无量纲化处理，均值处理结果见表10-3。

表 10-3　数据均值化处理

试验分组	X_1	X_2	X_3	X_4	X_5
1	0.2165	−0.0649	0.2682	0.0512	−0.6155
	−0.1380	−0.4194	−0.0863	−0.3033	−0.6367
	−0.4877	−0.7690	−0.4360	−0.6529	−0.6529
2	−1.5255	−1.8069	−1.4738	−1.6908	−1.3575
	−2.5900	−2.8714	−2.5383	−2.7553	−2.0886
	0.5980	0.5859	0.5154	0.5814	−0.0852
3	0.5024	0.4903	0.4198	0.4859	0.1525
	0.3325	0.3204	0.2499	0.3160	0.3160
	−0.1473	−0.1593	−0.2299	−0.1638	0.1695
4	−0.6427	−0.6548	−0.7253	−0.6593	0.0074
	0.6235	0.9169	0.6544	0.8053	0.1387
	0.5962	0.8896	0.6270	0.7780	0.4447
5	0.5588	0.8522	0.5897	0.7406	0.7406
	0.2783	0.5718	0.3092	0.4602	0.7935
	0.0587	0.3521	0.0895	0.2405	0.9071
6	0.2714	−0.0100	0.3231	−0.8939	0.1061
	−0.2135	−0.4949	−0.1618	−0.8788	−0.3788
	−0.8891	−1.1705	−0.8375	−0.5544	−1.0544
7	−1.0002	−1.2815	−0.9485	−0.1654	−1.1654
	0.6157	0.6037	0.5332	−0.4008	0.5992
	0.5050	0.4929	0.4224	−0.0116	0.4884

续表

试验分组	X_1	X_2	X_3	X_4	X_5
8	0.1752	0.1632	0.0927	0.6587	0.1587
	0.1460	0.1339	0.0634	1.1295	0.1295
	0.6214	0.9148	0.6523	−0.1968	0.8032
9	0.5681	0.8616	0.5990	0.2499	0.7499
	0.4933	0.7868	0.5242	1.1752	0.6752
	0.4730	0.7664	0.5039	1.6548	0.6548

（3）各序列的灰熵关联系数见表 10-4。

表 10-4　各序列的灰熵关联系数

试验分组	r_1	r_2	r_3	r_4	r_5
1	0.8735	0.9617	0.8470	0.9706	0.7036
	0.9170	0.7779	0.9481	0.8298	0.6964
	0.7503	0.6546	0.7710	0.6909	0.6909
2	0.4873	0.4450	0.4960	0.4616	0.5167
	0.3585	0.3351	0.3631	0.3443	0.4095
	0.7096	0.7138	0.7396	0.7154	0.9488
3	0.7446	0.7493	0.7777	0.7510	0.9086
	0.8161	0.8218	0.8561	0.8238	0.8238
	0.9116	0.9047	0.8664	0.9022	0.8990
4	0.6943	0.6903	0.6678	0.6889	1.0000
	0.7008	0.6134	0.6905	0.6439	0.9166
	0.7102	0.6206	0.6996	0.6519	0.7675
5	0.7236	0.6308	0.7125	0.6631	0.6631
	0.8419	0.7189	0.8270	0.7612	0.6474
	0.9657	0.8072	0.9462	0.8610	0.6160
6	0.8454	0.9982	0.8205	0.6195	0.9360
	0.8750	0.7475	0.9033	0.6235	0.7953
	0.6207	0.5537	0.6348	0.7251	0.5795
7	0.5924	0.5311	0.6053	0.9013	0.5548
	0.7035	0.7076	0.7330	0.7858	0.7092
	0.7436	0.7483	0.7767	0.9971	0.7500
8	0.8958	0.9026	0.9442	0.6890	0.9051
	0.9124	0.9194	0.9626	0.5626	0.9220
	0.7015	0.6139	0.6911	0.8840	0.6446
9	0.7202	0.6282	0.7092	0.8561	0.6603
	0.7481	0.6493	0.7363	0.5527	0.6837
	0.7561	0.6553	0.7440	0.4669	0.6903

（4）各序列灰熵关联分布密度值见表 10-5。

表 10-5 各序列灰熵关联分布密度值

试验分组	P_1	P_2	P_3	P_4	P_5
1	0.0430	0.0504	0.0414	0.0500	0.0351
	0.0451	0.0407	0.0463	0.0427	0.0348
	0.0369	0.0343	0.0377	0.0356	0.0345
2	0.0240	0.0233	0.0242	0.0238	0.0258
	0.0176	0.0175	0.0177	0.0177	0.0204
	0.0349	0.0374	0.0361	0.0368	0.0474
3	0.0366	0.0392	0.0380	0.0387	0.0453
	0.0402	0.0430	0.0418	0.0424	0.0411
	0.0449	0.0474	0.0423	0.0465	0.0449
4	0.0342	0.0361	0.0326	0.0355	0.0499
	0.0345	0.0321	0.0337	0.0332	0.0457
	0.0350	0.0325	0.0342	0.0336	0.0383
5	0.0356	0.0330	0.0348	0.0341	0.0331
	0.0414	0.0376	0.0404	0.0392	0.0323
	0.0475	0.0423	0.0462	0.0443	0.0307
6	0.0416	0.0523	0.0401	0.0319	0.0467
	0.0431	0.0391	0.0441	0.0321	0.0397
	0.0305	0.0290	0.0310	0.0373	0.0289
7	0.0292	0.0278	0.0296	0.0464	0.0277
	0.0346	0.0370	0.0358	0.0405	0.0354
	0.0366	0.0392	0.0379	0.0513	0.0374
8	0.0441	0.0473	0.0461	0.0355	0.0452
	0.0449	0.0481	0.0470	0.0290	0.0460
	0.0345	0.0321	0.0338	0.0455	0.0322
9	0.0354	0.0329	0.0346	0.0441	0.0329
	0.0368	0.0340	0.0360	0.0285	0.0341
	0.0372	0.0343	0.0363	0.0240	0.0344

（5）各序列灰关联熵和灰熵关联度见表 10-6。

表 10-6 各序列灰关联熵和灰熵关联度

影响因素	强度等级			环境温度	接触压力
	浮石骨料体积分数	胶凝材料硬度	水胶比		
灰关联熵	3.2789	3.2723	3.2786	3.2710	3.2758
灰熵关联度	0.9949	0.9929	0.9948	0.9925	0.9939
综合灰熵关联度	0.9942			0.9925	0.9939

　　（6）对灰熵关联度进行排序

　　为分析浮石骨料体积分数、水胶比、胶凝材料硬度对天然浮石混凝土磨损量影响的显著性，选取磨损量为参考序列，选取浮石骨料体积分数、水胶比、胶凝材料硬度为比较序列进行灰熵分析，得到磨损量与浮石骨料体积分数、胶凝材料硬度、水胶比的灰关联熵和灰熵关联度，如表 10-6 所示。由表 10-6 可得，磨损量与浮石骨料体积分数、胶凝材料硬度、水胶比的灰熵关联度分别为 0.9949、0.9929、0.9948，说明浮石骨料体积分数和水胶比对磨损量的影响较大，胶凝材料硬度的影响较小。这是因为浮石骨料体积分数和水胶比是影响天然浮石混凝土强度的直接因素，随着浮石骨料体积分数的增加和水胶比的提高，天然浮石混凝土的强度降低，混凝土的孔隙率变大，密实度下降。因此当冰凌在法向压力的作用下对混凝土表面进行切削磨损时，混凝土表面材料更容易剥落，导致磨损量增加[127]。相比之下，胶凝材料硬度对天然浮石混凝土磨损量的影响程度较弱。

　　图 10-14 所示各影响因素灰熵关联度，从图中可以看出，天然浮石混凝土强度等级对磨损量的影响较大、接触压力次之，而环境温度对磨损量的影响最小。说明提高混凝土强度等级可以有效降低天然浮石混凝土磨损量。此外，接触压力对混凝土磨损量的影响较大，当服役环境恶劣，冰凌体积较大、水流流速较大时，运动势能的增加会造成接触压力的增大[128]，从而导致混凝土磨损量增加，相比之下，环境温度对磨损量的影响较弱。

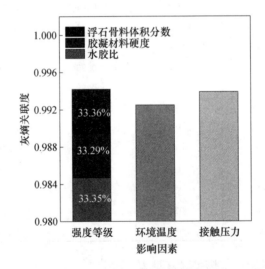

图 10-14　各影响因素熵关联度

10.5.2　基于多元回归分析建立磨损量模型

　　根据灰关联熵综合分析结果显示，强度等级、环境温度、接触压力是影响混凝土磨损量的三个主要因素，也是实际工程中最容易获取的三个因素，为了深入研究这三个因素与磨损量的时变性联系，满足工程需求，选取强度等级、接触压力、环境温度为自变量、磨损量为因变量进行多元回归分析，具体模型如下：

$$y = -0.09721C - 0.04159T + 0.086089P^2 + 2.905942 \qquad (10\text{-}7)$$

通过图 10-15 可以观察到实测值与模型值之间误差较小，吻合性较好，通过多元回归分析建立的模型其平均误差率为 11%。多元回归分析显示磨损量与天然浮石混凝土强度等级、接触压力的平方成正比例关系，与环境温度成反比例关系。此外，三因素回归分析还得出强度等级、接触压力、环境温度对磨损率的相对贡献率分别为 8.7%、5.47%、2.3%。这与灰色熵分析的分析结果一致。

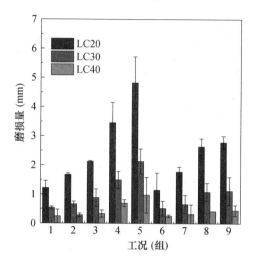

图 10-15 实测值与模型值误差图

11 冰凌期天然浮石混凝土磨损特征及退化机理研究

磨损量是影响水工混凝土材料损伤不可忽视的影响因素，降低磨损量有利于水工混凝土结构的耐久性以及安全适用性能。为了进一步研究天然浮石混凝土在冰磨损作用下的损伤过程及其特殊的损伤机制，本章对天然浮石混凝土单位路径磨损量进行分析，利用超景深三维立体显微镜对冰-天然浮石混凝土磨损过程中的表观形貌演变及劣化过程进行动态观察；对冰磨损过程中不同强度等级混凝土的孔隙变化规律进行定量化分析，并结合经典磨损理论及液体压力损伤解释磨损机理。此外，本章对其在冰磨损作用下寿命的可靠性进行了分析研究，并预测了在冰磨损作用下的极限寿命，对黄河内蒙古段防治冰凌磨损天然浮石混凝土提供了重要的工程参考价值。

11.1 试验概况

11.1.1 表观磨损形貌试验

为了更加直观地观测天然浮石混凝土在冰磨损作用下的损伤形貌，本试验采用基恩士 VHX-500 型超景深三维显微镜（图 11-1）分别拍摄磨损过程中天然浮石混凝土的表面形貌图以及分层设色图。其中表面形貌图［11-2（a）］可以清晰地观察到冰磨损对混凝土表面造成的损伤，分层设色图［11-2（b）］可以通过颜色的变化反映出冰磨损过程中混凝土表面相对高度的变化。在试验时，每进行 1km 磨损试验，将天然浮石混凝土取出，清理表面磨粒并进行超景深图片拍摄及孔隙分析，得到第 $i$km 的景深图（J_i）、分层设色图（F_i）及经历 $i$km 磨损作用下的孔隙信息（K_i）。利用景深图的三维表观形貌变化分析天然浮石混凝土在磨损试验中的表面结构损伤过程，利用分层设色图分析天然浮石混凝土表面损伤发展规律。

图 11-1 超景深三维显微镜

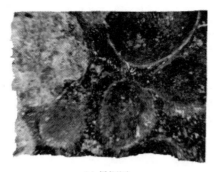
(a) 景深图

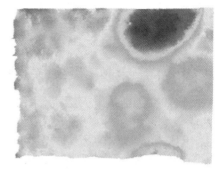
(b)分层设色图

图 11-2　超景深三维显微镜及拍摄效果图

　　由于冰对混凝土的磨损损伤是表面损伤行为，为了精确测量混凝土表面浮石含量，增加试验精确度，本章对切割好的天然浮石混凝土表面进行色彩识别分析（图 11-3），计算浮石骨料含量。

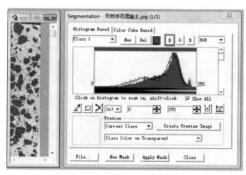

图 11-3　天然浮石混凝土表面色彩识别界面

11.1.2　表面孔结构试验

　　将试件标记面朝上放置在超景深三维显微镜的置物平台上，调整镜头找到对焦点，将镜头光源调制最低光源，使孔结构在镜头前呈现低曝光状态而清晰显示，利用超景深三维显微镜自带的图像孔隙识别功能对天然浮石混凝土表面进行孔隙信息识别（图 11-4），以得到表面孔隙的面积（μm^2）、最大直径（μm）、最小直径（μm）及周长（μm）的测定信息。

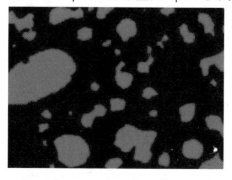

图 11-4　孔隙识别图

11.2 不同路径下天然浮石混凝土磨损过程分析

11.2.1 天然浮石混凝土磨损量分析

为进一步研究冰磨损下天然浮石混凝土磨损量的变化规律，绘制磨损量随磨损路径的变化曲线，结果如图11-5所示。从图11-5（a）中可以看到，累积磨损量随着磨损路径增加而持续上升，其中强度等级较低的 LC20 磨损量最大，经历 16km 磨损后达到2.38mm；LC30 次之，在磨损过程中其磨损量保持在 LC20 的 0.4～0.44 倍；LC40 磨损量最小，为 LC20 的 0.17～0.21 倍，表明提高强度可以有效降低磨损量。究其原因，随着强度等级提高，混凝土内部孔隙减少、胶凝材料硬度提高使混凝土自身密实性及强度提高，是混凝土耐磨性能得到强化的主要原因。

图 11-5（b）所示单位磨损量（每千米的磨损量）变化。从图中看到，单位磨损量（每千米磨损量）随着路径的增大呈现先增大后减小最后保持平稳的规律，LC20 组历经4km 的路径时，单位磨损量达到峰值，强度等级较高的 LC30、LC40 组分别历经 5km、7km 路径后达到单位磨损量峰值。这是由于天然浮石混凝土表面凹凸不平，与骨料相比，冰与混凝土接触面积较小，因此接触面完全落在外露的骨料上，前进冰锋导致表层颗粒脱落，脱落的颗粒形成磨粒加速表层损伤，在磨损损伤与磨粒损伤的共同作用下，单位路径磨损量达到峰值状态。经过一定路径的磨损后，天然浮石混凝土表面微观形状发生改变，从而建立了弹性接触，使得冰与混凝土的磨损面更加贴合，接触面积逐渐增大，此时，单位路径磨损量逐渐减缓，进入平稳状态。

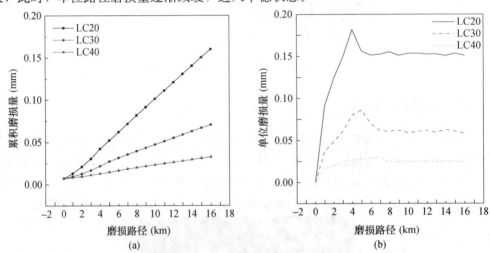

图 11-5　磨损量随磨损路径的发展过程
（a）累积磨损量变化曲线；（b）单位路径磨损量的变化曲线

11.2.2 天然浮石混凝土磨损退化过程

从图 11-6（a）～（c）中可以清晰地观察到冰磨损作用下天然浮石混凝土的表面损伤过程：未经磨损的天然浮石混凝土表面趋于平缓 [图 11-6（a）]，分层设色图整体显示为灰色，局部有亮白色环绕黑色区域为孔洞分布，说明胶凝材料与天然浮石骨料表面基本保持在同一相对高度，混凝土表面分布着少量不均匀的孔隙与凹陷处。随着冰凌磨损的持续作用，表层损伤现象越来越明显。当经历 14km 磨损损伤时，观察图 11-6（b），发现灰色区域大幅缩小，浮石骨料所处的位置基本变为表示凹陷的黑色，浮石骨料与胶凝材料的界面过渡区呈现亮白色分布。这些现象说明在经历 14km 磨损后，浮石骨料的相对高度整体低于胶凝材料的相对高度，浮石骨料内部仅有个别硬质点的相对高度略高于浮石骨料表面，而界面过渡区的胶凝材料受到较为严重的磨损损伤，其相对高度低于周围胶凝材料。随着损伤继续发展，当经历 16km 磨损损伤时，由图 11-6（c）可以观察到黑色区域持续扩大，天然浮石混凝土内部的硬质点在此阶段损伤中脱落；浮石骨料边缘的亮白色区域不断向周围延伸，灰色区域持续退化，磨损损伤已经延伸至周围胶凝材料。根据磨损量的发展过程，可以推断出最先出现损伤的是天然浮石骨料，随着冰凌磨损的持续作用，损伤逐渐以天然浮石骨料为起点向界面过渡区及周围胶凝材料延伸，凹陷区域不断扩大。图 11-6（a）～（c）充分展示了磨损损伤由浮石为中心向界面过渡区以及周围胶凝材料处扩散的特殊磨损过程。

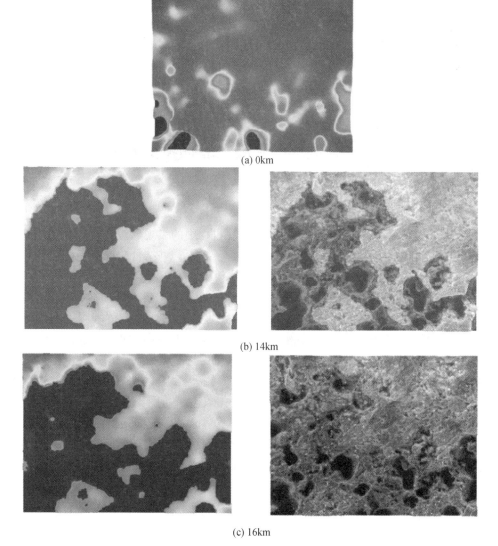

(a) 0km

(b) 14km

(c) 16km

图 11-6　不同路径下天然浮石混凝土表面磨损过程

冰-混凝土磨损主要是三级渐进损伤过程，①混凝土表面保护层损伤剥离；②骨料脱离胶凝材料、退出抵御工作；③胶凝材料因失去骨料支撑而加速损失。这三个损伤过程不断循环直至构筑物内部钢筋暴露失去服役能力。天然浮石混凝土则表现出完全不同的损伤过程，①冰磨损对天然浮石混凝土表面产生的物理性损伤，使得天然浮石混凝土保护层丧失、内部浮石骨料暴露；②随着磨损损伤的持续发展，浮石骨料并不会整体脱落，而是持续与胶凝材料共同抵御冰磨损造成的损伤。

造成这一特殊磨损过程产生的原因：普通骨料、天然浮石骨料及胶凝材料的自身硬度呈现普通骨料＞胶凝材料＞天然浮石骨料的关系[129]，但天然浮石发达的孔隙结构具有良好的势能吸收功能，可以吸收大量冰凌磨损作用产生的势能，同时降低损伤向混凝土内部传播以及减少界面过渡区裂缝的形成。普通碎石骨料由于表面较为光滑，粗糙度远低于天然浮石，与胶凝材料间的黏结效果一般。而天然浮石作为一种拥有特殊多孔结构的纯天然骨料，其周围孔隙能够与胶凝材料产生较好的黏结力，界面黏结强度较高，从而使天然浮石混凝土的耐磨性得到充分发挥，保证其受到冰凌磨损后，浮石骨料不会与胶凝材料分离而整体脱落，而是持续与胶凝材料共同抵抗冰凌磨损。此外，普通骨料脱离混凝土表面时，在表面留下了凹痕以及向内部延伸的裂纹，普通骨料过早退出抵御工作使得凹痕和裂纹由于失去支撑而快速损失，导致磨损量增大[130]。而浮石骨料与胶凝材料共同抵御磨损的特殊损伤过程则表现出较好的整体性，充分体现了其作为抗冲磨材料的工程适用性。

11.3　天然浮石混凝土磨损特征分析

11.3.1　表观形貌特征

为了进一步研究天然浮石混凝土冰磨损发展过程中的表观形貌变化，利用超景深显微镜对经历不同磨损路径的天然浮石混凝土进行了拍摄，并结合分层设色图的变化直观地反映天然浮石混凝土表观形貌变化。

图 11-7 所示冰磨损作用下天然浮石混凝土表观形貌。未磨损时，从图 11-7 （a）中可以观察到暴露在表面的浮石骨料孔隙结构完整且孔壁连接完整（图中矩形标识），浮石骨料与胶凝材料在界面过渡区吻合效果较好（图中圆形标识）。经过不同路径的磨损后，从图 11-7 （b）中可以看到，多数孔壁断裂损伤情况严重（图中红线标识），使得相邻孔隙由于失去了孔壁的支撑而串联成为较大孔隙。此外，磨损同时造成胶凝材料发生损失，胶凝材料包裹的细骨料暴露在孔隙边缘［图 11-7 （b）圆形区域］。与此同时，浮石骨料连接完整的表层孔隙［图 11-7 （c）］形成向内部延伸的孔洞，并逐渐扩大发展为大坑洞［图 11-7 （d）］，造成部分表层孔结构损伤消失，内层孔结构暴露在表面。图 11-7 的箭头所指显示了天然浮石混凝土未经磨损前孔隙完整，经过 14km 的磨损后浮石骨料孔隙底部脱落。这可以用磨损理论中的液体压力损伤机制来解释。

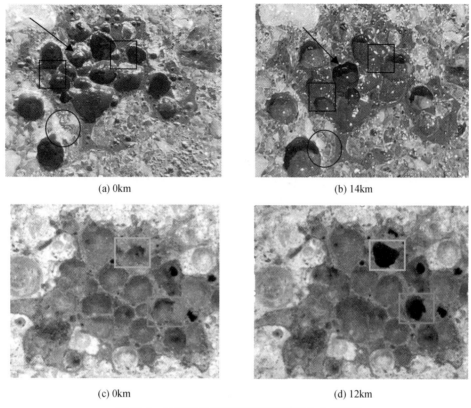

(a) 0km   (b) 14km

(c) 0km   (d) 12km

图 11-7　冰磨损作用下天然浮石混凝土表观形貌

图 11-8 为冰磨损作用下天然浮石混凝土磨损的超景深分层设色图，其中相对凸起的位置以白亮色表示，而孔洞等相对凹陷处则通过黑色表示。从图 11-8（a）中可以看到天然浮石混凝土表层分布着大小不一的孔隙，其孔壁连接完整、孔隙分布清晰，浮石骨料的孔壁与胶凝材料高度相差不大。经历 12km 冰凌磨损作用后［图 11-8（b）］，初始状态下清晰的孔隙分布已经消失，浮石骨料及周围胶凝材料整体向内凹陷，凹陷以浮石骨料为中心向界面过渡区及周围胶凝材料扩展，天然浮石混凝土表面凹凸不平更为明显。由此可见，浮石骨料在冰凌磨损过程中不会整体脱离胶凝材料，而是与胶凝材料共同抵御磨损损伤，呈现出与普通混凝土不同的抵御磨损机制，普通混凝土在磨损过程中骨料会脱离混凝土，过早地退出抵御工作。

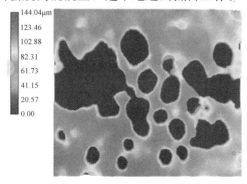

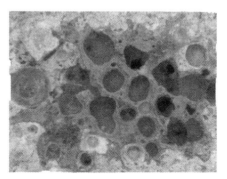

(a) 0km

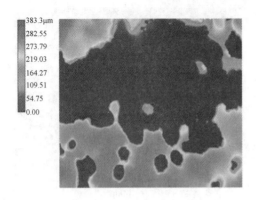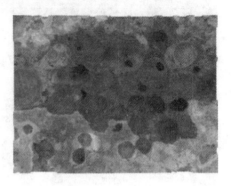

(b) 12km

图 11-8　冰磨损作用下天然浮石混凝土磨损的超景深分层设色图

11.3.2　表面孔径变化

为了清晰反映磨损过程中表层孔隙分布的发展情况，本节对 LC20、LC30、LC40
组天然浮石混凝土分别经历 0km、4km、8km、12km、16km 磨损损伤后表层孔隙分布
情况绘制箱线图（图 11-9），可以观察到随着磨损路径的增加，孔径分布的上限值呈现
增加趋势，表明孔壁破坏现象严重，多数孔隙由于失去了孔壁的支撑而合并成一个孔
隙。同时，箱体的高度也随着磨损路径的延长而增大，图 11-9（b）中，当天然浮石混
凝土未经历磨损损伤时，箱体内孔径分布主要集中在 $62.77 \sim 166.38 \mu m$，而经历 16km
磨损损伤后，箱体包含孔径分布主要在 $91.51 \sim 356.178 \mu m$，与未经磨损的原始孔隙分
布相比，箱体的分布跨度扩大了 2.55 倍。受冰磨损 16km 后的天然浮石混凝土内部孔
隙分布与未磨损的相比，小于 $100 \mu m$ 的孔隙比例减少 24.9%，$200 \sim 400 \mu m$ 孔隙比例
增加 35.1%，大于 $4000 \mu m$ 的孔隙比例增加 16%；同时，孔径分布的中位线也在缓慢
上升。这些表明：虽然依旧存在大量孔径小于 $100 \mu m$ 的细小孔隙，但孔径增大，多个
孔隙合并串联成一个较大孔隙是损伤过程中孔隙的必然变化趋势。

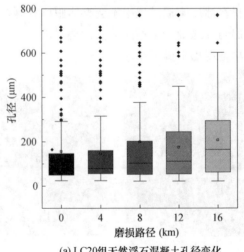

(a) LC20组天然浮石混凝土孔径变化

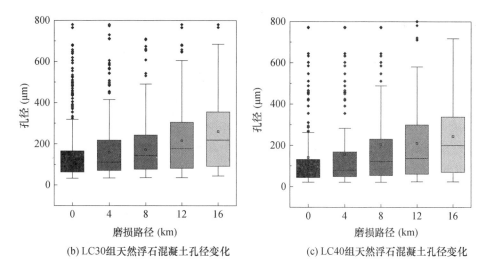

(b) LC30组天然浮石混凝土孔径变化　　　(c) LC40组天然浮石混凝土孔径变化

图 11-9　磨损过程中的孔径变化

LC20、LC40 组天然浮石混凝土也呈现出相同的孔径变化趋势，当磨损试验进行到 16km 时，LC20、LC30、LC40 组天然浮石混凝土在参与统计内的孔径最大值分别是初始状态的 2.07 倍、2.14 倍、2.73 倍，这说明 LC40 组天然浮石混凝土孔径变大的程度最明显。这是由于随着强度等级的上升，胶凝材料硬度提高[131]，浮石骨料掺量下降，磨损主要集中在浮石骨料部分。相同磨损路径下，LC40 组天然浮石混凝土胶凝材料磨损减缓，表层浮石骨料承受更多的损伤，导致观测到的孔径增大程度明显，这一过程充分发挥了浮石骨料发达的孔隙结构及吸收势能的优势。

11.4　混凝土磨损理论研究

水工混凝土的磨损现象蕴含着十分复杂的物理性质损伤，冰与混凝土接触相互运动的过程中会发生不同程度的磨损损伤，磨损过程中产生的材料消耗、损伤累积直接影响水工混凝土结构的耐久性与安全性。混凝土作为一种多相且多层次的材料体系，其宏观结构所显现的不均匀性间接反映了混凝土内部结构的复杂性，其磨损特征完全差别于常规金属材料[132]。混凝土结构内部存在的大量孔洞及缺陷加剧了磨损损伤进度，并表现出特有的磨损损伤机制。除材料本身的影响因素外，磨损量还与磨损方式以及环境条件紧密相关。由于磨损机制的复杂性导致各类研究中提出的磨损有关变量以及磨损模型众多，各类模型在实际工程应用中都存在一定的局限性[133]，而混凝土的磨损破坏机理与预测模型至今还存在很多不确定因素，其作用机理还需要大量现场监测和室内试验数据支撑。学者们仍然致力于混凝土磨损损伤机理及磨损量预测的研究工作，在目前的研究中，水工混凝土的主要磨损形式主要包括黏着磨损、磨粒磨损、疲劳磨损。不同形式的磨损可以单独作用，也可以相继作用或者同时作用。本章在此基础上将结合黏着磨损理论、磨粒磨损理论、疲劳磨损理论三个方面进行分析探讨。

11.4.1 黏着磨损理论

黏着磨损理论主要讨论弹性球体和刚性平面的接触磨损现象。当冰与混凝土接触并产生相对运动时，分布于接触表面上的微凸体最先发生触碰。在法向荷载的作用下，微凸体承受的局部压力超过材料的屈服强度，导致塑形变形产生，微凸体与材料分离形成游离磨粒。在此基础上，阿查德（Archard）[134] 推导出黏着磨损计算模型。

该模型通过假设两个相对平坦表面上都分布着 n 个半径为 a 的微凸体，当材料发生塑形变形时，法向荷载 W 与较软材料的屈服极限 σ_s 之间的关系表示为：

$$W = \sigma_s \cdot \pi a^2 n \tag{11-1}$$

微凸体由于受到塑性破坏而变成半球形的磨粒，磨粒体积为 $\delta_V = \dfrac{2}{3} \pi a^3$。则单位滑动距离内的总磨损量 Q 为：

$$Q = \frac{\frac{2}{3} \pi a^3}{2a} \cdot n = \frac{\pi a^2}{3} \cdot n \tag{11-2}$$

考虑微凸体产生磨粒的概率为 k，两平面的相对滑动距离为 L，混凝土的屈服极限与硬度 H 存在 $\sigma_s \approx \dfrac{H}{3}$ 的换算关系，则混凝土磨损量最终定义为：

$$Q = k \cdot \frac{WL}{H} \tag{11-3}$$

式（11-3）中，产生磨粒的概率系数 k 取决于两个接触平面的材料性质以及环境因素，范围在 $10^{-2} \sim 10^{-7}$[135]。由式（11-3）可以推导出磨损量与磨损距离呈正比例关系，与接触压力呈正比例关系，与材料本身的硬度（强度）呈反比例关系。由此理论可以推断出在实际工程环境中，冰与混凝土的接触压力以及混凝土自身的强度是决定混凝土抗冰磨损性能的重要材料参数。

11.4.2 磨粒磨损理论

磨粒磨损是指在摩擦过程中，由于外界硬质颗粒或者摩擦材料自身颗粒脱离表层形成磨粒进而造成表层磨损损伤加剧的现象[136]。其主要包括二体磨粒磨损以及三体磨粒磨损。其中，二体磨粒磨损是指磨粒在固体表面相对运动产生的磨损，根据磨损的角度不同，材料损伤现象通常伴随微小犁沟或者较深沟槽的形成，并伴有大颗粒材料脱落；三体磨粒磨损是指磨粒存在于两个相互接触的摩擦材料之间，并伴随接触移动活动于两材料之间[137]。通常三体磨损的磨粒在混凝土表面产生极高的接触应力，使混凝土的摩擦表面产生严重的塑性变形或疲劳现象，同时形成较为明显的犁沟。关于磨粒磨损对混凝土表层的破坏机制主要有以下三个假设[138]。

（1）微切削说：磨粒在法向荷载的作用下压入摩擦材料表面，并且在切向荷载作用下沿材料表面运动，从而对摩擦材料表面产生切削作用，导致材料表面颗粒脱落形成磨粒。

（2）压痕破坏假说：磨粒在法向荷载的作用下压入摩擦材料表面，使摩擦材料表面形成压痕，压痕两侧的材料由于严重的塑形变形而受到损伤，最终从表面挤出或脱离。

（3）疲劳破坏假说：由于磨粒在摩擦材料表面循环施加应力，导致表面由于疲劳损伤而出现裂纹。

在混凝土的屈服极限与硬度 H 存在 $H \approx 3 \cdot \sigma_s$ 的情况下,可以将接触表面的磨粒磨损量表达为[139]:

$$W = KL \frac{2W}{\pi \cdot \sigma \cdot \tan\alpha} = k_s \cdot \frac{W \cdot L}{H} \qquad (11\text{-}4)$$

式中,k_s 为磨粒磨损系数,此系数包含了摩擦角度、磨粒材料性质等因素。

由式(11-4)可以推导出,磨粒磨损产生的磨损量与接触压力以及材料硬度(强度)密切相关:磨损量随着接触压力的增大而增大,随着材料硬度的增大而减小。

11.4.3 疲劳磨损理论

除了材料的强度、硬度外,抗疲劳特性是耐磨水工混凝土的重要材料性能。疲劳磨损是指两个相互接触的摩擦材料表面,由于循环接触应力作用而产生塑性变形,最终导致摩擦材料表面点蚀甚至剥落的损伤现象[140]。其损伤机理可以使用赫兹理论进行解释:在磨损过程中,由于外荷载的循环作用,受到最大切应力处的材料最先发生塑性变形并产生裂纹,裂纹沿着最大切应力的方向延伸至材料表面导致表面颗粒脱落,形成疲劳破坏[141]。关于疲劳磨损产生的原因和机理存在多种推论,目前普遍认为荷载施加程度与材料的自身性质是影响疲劳磨损的关键因素。在疲劳磨损过程中,法向作用力增大将直接导致切向摩擦力增大,从而加剧材料表层的磨损量,降低材料使用寿命。

11.5 天然浮石混凝土磨损退化机理

冰凌对天然浮石混凝土的磨损损伤是一个复杂的损伤过程,磨损过程中常常伴随多种损伤机制交替或共同作用,为了进一步分析天然浮石混凝土在冰凌作用下的磨损损伤机理,深入分析损伤产生的原因,本节结合三大磨损损伤机制对天然浮石混凝土的磨损现象进行分析。

(1)疲劳磨损:在接触应力的作用下,冰与混凝土的接触面时常会发生表面疲劳磨损。在磨损过程中,由于天然浮石混凝土的不均匀性,其内部分布着大小不一的孔隙微裂纹以及硬质点等原因,表层疲劳破坏的位置时常由表层开始逐渐向内部传播[142]。当冰凌在天然浮石混凝土表面反复磨损产生接触时,冰对混凝土表面孔隙及微裂纹施加切向应力作用,随着切向应力的反复作用、磨损损伤不断累积发展形成贯通裂纹,导致天然浮石混凝土表层损失。此外,天然浮石混凝土选用天然浮石作为粗骨料,由于浮石表面孔隙分布密集,当冰凌在压力作用下划过粗骨料表面时,冰凌嵌入天然浮石孔隙内部,在水平动力的作用下对孔壁施加横向荷载,随着横向荷载的反复作用,孔壁由于疲劳磨损而断裂。

(2)切削磨损:冰凌在天然浮石混凝土表层滑动反复磨损的过程中,天然浮石混凝土表面由于受到切向荷载反复作用而产生塑性变形,导致部分孔壁及细骨料脱离胶凝材料形成游离磨粒,磨粒的产生是摩擦表面接触区内的动态过程,很难直接观测到形成过程[143]。游离磨粒的产生使冰与混凝土之间产生了三体磨损,加速混凝土损伤[144]。图 11-10(a)、(b)中可以清楚地观察到脱落的游离磨粒,这些磨粒在法向压力下附着在冰表面上形成游离磨粒,并伴随着冰凌对混凝土表面进行接触性滑移,对混凝土表面进行切削作用，形成划痕状损伤，造成天然浮石混凝土表层损伤，图 11-11 中，可以清晰地观测到平行于冰凌运动方向的划痕状磨损损伤痕迹。

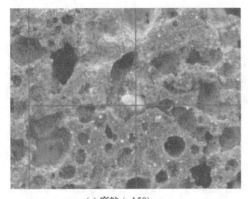
(a) 磨粒 (×150)

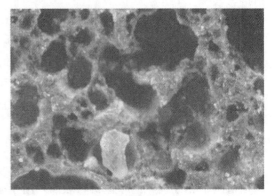
(b) 磨粒 (×200)

图 11-10　磨损过程中产生的磨粒

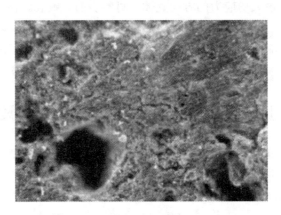

图 11-11　平行于冰凌运动方向的划痕

（3）液体压力损伤：冰磨损是寒区水工混凝土建筑不可忽视的劣化因素，大量监测数据以及试验都验证了冰磨损的严重性。通常情况下，冰磨损往往伴随液体压力损伤。通过对移动粗糙表面之间液体力学的分析表明，液体中的压力非常高，接触区域的液体增加了混凝土的磨蚀磨损[145-146]。英国学者 Bowden 和 Hughes 研究发现冰在混凝土表层相对滑动产生磨损时，由于势能转化会在接触面上生成一层水膜，水膜作为压力的中介传递介质，会对摩擦材料间的液态水产生很高的压力作用[147]，特别是天然浮石混凝土这种表面存在大量孔洞以及微裂纹的材料，液体在接触压力作用下会不断渗入混凝土表面，液体中的压力本身会超出材料的抗压强度和拉伸强度而出现损伤[148-149]，导致其微裂缝扩展，表面劣化磨损加速。图 11-7 的黄线区域显示了孔隙底部脱落的状况，反映了液体压力损伤的存在。

综上所述，多孔浮石骨料损伤表现形式为孔壁损失及内部孔结构暴露，主要以液体压力和疲劳磨损为主；胶凝材料部分损伤表现为表层平行于冰凌运动方向的划痕磨损，以切削磨损为主。天然浮石混凝土由于液体压力损伤导致孔隙内部微裂缝扩展，孔底损失；在疲劳磨损机制和切削磨损机制的作用下，天然浮石混凝土表层孔结构损失，内层孔结构暴露在外。磨损损伤以浮石骨料为中心向界面过渡区以及周围胶凝材料处延伸，在此过程中浮石骨料与胶凝材料共同抵御液体压力、切削磨损和疲劳磨损。

11.6　天然浮石混凝土磨损寿命可靠度评估分析

11.6.1　可靠度模型的选择与建立

可靠度是判断产品在特定的时间与环境下仍能服役的概率，是评估可靠性的重要指标。在可靠性工程中，二参数 Weibull 分布计算方便，分析产品可靠性具有较高精确度且适用性较好[150]。本章以冰磨损作用下天然浮石混凝土的累计磨损量为退化特征值，在累计磨损量达到阈值时，定义对应的磨损路径为失效寿命 X。假设冰磨损作用下天然浮石混凝土的失效寿命 X 服从 Weibull 概率分布，则概率分布函数 $F(X)$ 为：

$$F(X) = 1 - \exp\left[-\left(\frac{X}{U}\right)^V\right] \tag{11-5}$$

式中，U 为尺度参数，调控分布曲线的大小；V 为形状参数，影响分布曲线的形状，二者均可影响产品失效机制与产品性能退化轨迹。

根据规范《水工建筑物抗冲磨防空蚀混凝土技术规范》（DL/T 5207—2021）可知，抗冲磨混凝土钢筋保护层厚度不得低于 100mm，即天然浮石混凝土的累计磨损量阈值为 100mm。对磨损加速试验中试块的累计磨损量随磨损路径的演变规律进行线性回归，依据累计磨损量阈值求得失效寿命 X，并以此寿命数据对 Weibull 分布进行 A-D 检验。首先给定检验水平 $\alpha = 0.05$，当 $P \geqslant \alpha$ 时不否认原假设，同时为提高小样本数据中拟合优度的准确率，参照文献[151]将 A-D 检验中 AD 统计量与临界值 AD^* 进行对比，当 AD 值小于临界值 AD^* 时，可知失效寿命 X 服从 Weibull 分布。检验结果如表 11-1 所示，表中 P 值均大于 0.05 且 AD 值小于临界值 AD^*。由此可确认失效寿命 X 服从 Weibull 概率分布。根据 Weibull 概率分布函数 $F(X)$ 与可靠度函数 $R(X)$ 关系即 $F(X) + R(X) = 1$，可建立 Weibull 分布可靠度函数 $R(X)$ 为：

$$R(X) = \exp\left[-\left(\frac{X}{U}\right)^V\right] \tag{11-6}$$

表 11-1　A-D 检验

强度等级	AD^*	检验指标	$-10℃$					3kPa			
			1kPa	2kPa	3kPa	4kPa	5kPa	0℃	$-5℃$	$-15℃$	$-20℃$
LC20		AD	0.415	0.450	0.324	0.410	0.331	0.520	0.395	0.372	0.40
		P 值	>0.25	0.235	>0.25	>0.25	>0.25	0.165	>0.25	>0.25	>0.25
LC30	0.61	AD	0.444	0.457	0.534	0.401	0.545	0.443	0.404	0.461	0.487
		P 值	0.241	0.228	0.150	>0.25	0.140	0.242	>0.25	0.224	0.198
LC40		AD	0.403	0.577	0.599	0.547	0.647	0.473	0.529	0.553	0.498
		P 值	>0.25	0.108	0.094	0.138	0.072	0.212	0.156	0.132	0.187

11.6.2 参数估计

最佳线性无偏估计法（BLUE）和最小二乘法（LSE）常用于 Weibull 分布的参数估计，为对比两种估计方法对天然浮石混凝土在冰磨损作用下寿命可靠性的影响，本章采用 BLUE 与 LSE 对 Weibull 分布的形状参数与尺度参数进行估计。

（1）最佳线性无偏估计法

在冰-天然浮石混凝土磨损加速试验中，5 个标记点样本数满足 BLUE 对样本数量的规定，因此可采用 BLUE 对 Weibull 分布展开参数估计。将每个标记点的失效寿命数据升序排列，得到 $x_1 \leqslant x_2 \leqslant x_3 \leqslant x_4 \leqslant x_5$，依照式（11-7）、式（11-8）将参数 U、V 求解。

$$U = \exp\left[\sum_{i=1}^{5} D(5, 5, i) \ln X_i\right] \tag{11-7}$$

$$V = \frac{g_{5,5}}{\sum_{i=1}^{5} C(5, 5, i) \ln X_i} \tag{11-8}$$

式中，$D(5, 5, i)$ 与 $C(5, 5, i)$ 为最佳线性无偏估计系数；$g_{5,5}$ 为校准系数，并由《可靠性试验用表》[152] 给出。形状参数 V 与尺度参数 U 的求解结果见表 11-2 所示。

表 11-2 基于 BLUE 的参数估计汇总表

强度等级	参数	−10℃					3kPa			
		1kPa	2kPa	3kPa	4kPa	5kPa	0℃	−5℃	−15℃	−20℃
LC20	U	1478.85	1133.51	885.95	545.86	402.07	1594.53	1056.86	733.89	669.73
	V	4.73	3.54	3.69	3.55	3.28	4.60	3.74	3.04	3.73
LC30	U	3504.69	2857.77	2175.81	1360.16	992.61	3748.57	2898.65	1796.08	1737.50
	V	3.83	3.73	3.53	2.79	2.68	3.35	3.38	3.29	3.37
LC40	U	7506.85	6588.72	6269.32	3100.08	2338.52	7910.80	6144.49	4874.35	4796.11
	V	3.74	3.84	2.86	2.56	2.34	3.05	3.26	2.97	2.53

（2）最小二乘法

LSE 是估计 Weibull 分布参数的一种简单实用方法。将式（11-6）取双对数整理后可得：

$$\ln\{-\ln[R(X_i)]\} + V\ln U = V\ln X_i \tag{11-9}$$

根据 Glivenko 定理[153] 与已知的标记点个数，$R(X_i)$ 可通过中位秩近似代替。将上文升序排列的失效寿命数据和中位秩代入式（11-9），利用最小二乘原理求解参数 U、V，详见表 11-3。

表 11-3　基于 LSE 的参数估计汇总表

强度等级	参数	−10℃				3kPa				
		1kPa	2kPa	3kPa	4kPa	5kPa	0℃	−5℃	−15℃	−20℃
LC20	U	1478.27	1138.20	880.01	544.91	399.44	1604.95	1056.09	727.90	667.79
	V	4.14	2.96	3.40	3.19	2.99	3.69	3.28	2.93	3.37
LC30	U	3512.92	2865.92	2197.55	1358.71	1006.09	3757.20	2892.05	1802.82	1747.09
	V	3.26	3.17	2.82	2.47	2.14	2.88	3.06	2.80	2.78
LC40	U	7496.53	6667.07	6396.38	3147.34	2407.42	7961.70	6211.51	4941.06	4846.43
	V	3.32	2.99	2.13	2.02	1.73	2.53	2.55	2.32	2.06

对比表 11-2 与表 11-3 的两种方法所得参数值，发现两种方法求得 U 值波动相对较小，但 BLUE 所得 V 值总大于 LSE 求得的 V 值，因此可靠度曲线的特征也随参数估计值的波动而不尽相同。此外 V 值较 U 值变化较大是因为在 LSE 中 V 值与多项指标有关，而 U 值依据已知的 V 值后计算得出，与其他参数取值关联较小，因而其波动较小。

11.6.3　可靠性寿命分析

为反映不同工况与各参数估计方法对天然浮石混凝土寿命可靠性的影响，将表 11-2 与表 11-3 中参数估计值代入式（11-6），得到天然浮石混凝土寿命可靠度 R（X）曲线，见图 11-12。由图 11-12 可知，天然浮石混凝土寿命可靠度曲线呈现单调降低的三阶段分布：可靠度为 1 的安全服役阶段，可靠度下降的加速损伤阶段和可靠度降为 0 的无抵御防护阶段。其中，可靠度曲线的安全服役阶段表明，天然浮石混凝土的累计磨损量处于量变积累阶段，当其积累到一定程度时，天然浮石混凝土耐磨性出现衰减，但还未影响其安全性。加速损伤阶段是占比可靠度曲线最大的阶段，表明此阶段的累计磨损量已从量变进入到质变，耐磨性出现严重衰减，在此阶段对冰磨损作用下天然浮石混凝土进行寿命预测是提高其耐磨性与安全性的有效方法。观察图 11-12（d）～（f）与（h）～（j）发现，在温度为 −15℃ 与 −20℃ 中，同强度试件的可靠度曲线几乎重合，这与本文 11.2 节，两种温度下累计磨损量的变化规律是相对应的。

对比图 11-12（a）与（g）、（b）与（h）、（c）与（i）、（d）与（j）、（e）与（k）、（f）与（l）中两类方法计算的可靠度，发现两类可靠度曲线的各阶段的退化时间与退化速率不尽相同。基于 BLUE 算法的曲线安全阶段寿命略大于基于 LSE 算法的安全阶段寿命。在可靠度下降初期也是如此，然而在可靠度下降后期，基于两种方法的可靠性寿命大小关系出现反转，即基于 BLUE 算法的可靠性寿命小于基于 LSE 算法的可靠性寿命。当天然浮石混凝土可靠度 R（X）为 0.5 时，对应的可靠性寿命与磨损加速寿命较为接近（图 11-13），即该可靠性寿命为天然浮石混凝土在冰磨损作用下的极限寿命。

表 11-4 为两类参数估计方法下天然浮石混凝土的极限寿命预测值，分析表 11-4 可知最小二乘法预测的极限寿命最小，以此预测寿命作为天然浮石混凝土的极限寿命在可靠性工程上是合理的，也符合天然浮石混凝土材料结构关于安全储备的要求。

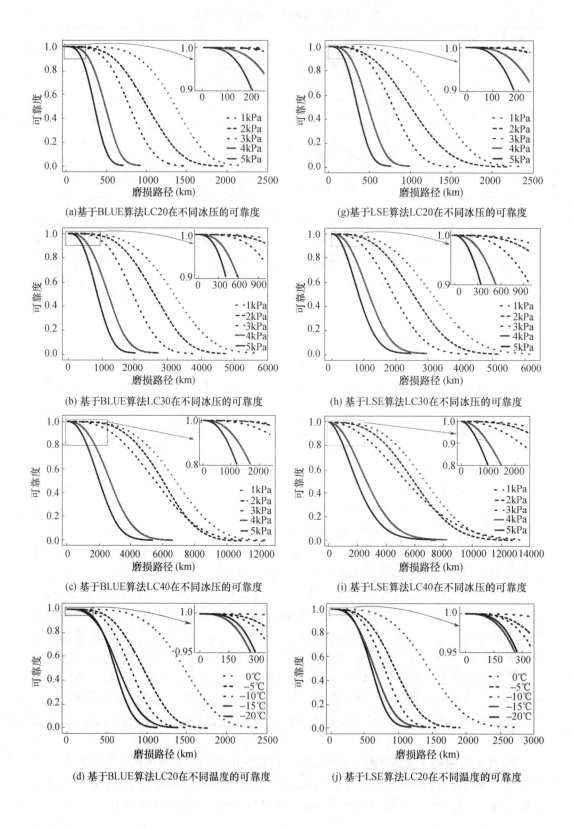

(a)基于BLUE算法LC20在不同冰压的可靠度

(g)基于LSE算法LC20在不同冰压的可靠度

(b) 基于BLUE算法LC30在不同冰压的可靠度

(h) 基于LSE算法LC30在不同冰压的可靠度

(c) 基于BLUE算法LC40在不同冰压的可靠度

(i) 基于LSE算法LC40在不同冰压的可靠度

(d) 基于BLUE算法LC20在不同温度的可靠度

(j) 基于LSE算法LC20在不同温度的可靠度

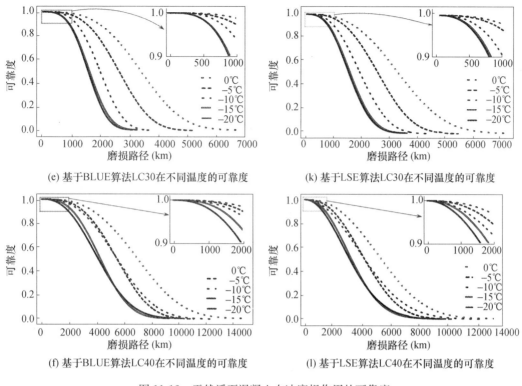

(e) 基于BLUE算法LC30在不同温度的可靠度　　　(k) 基于LSE算法LC30在不同温度的可靠度

(f) 基于BLUE算法LC40在不同温度的可靠度　　　(l) 基于LSE算法LC40在不同温度的可靠度

图 11-12　天然浮石混凝土在冰磨损作用的可靠度

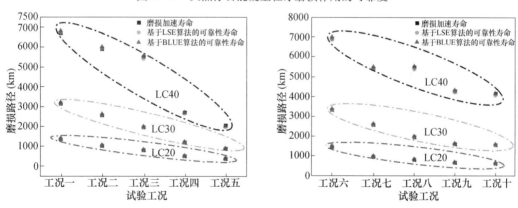

图 11-13　各工况下可靠性寿命与磨损加速寿命

表 11-4　天然浮石混凝土冰磨损路径预测值（km）

参数估计方法	强度等级	−10℃					3kPa			
		1kPa	2kPa	3kPa	4kPa	5kPa	0℃	−5℃	−15℃	−20℃
BLUE 法	LC20	1368.6	1022.2	802.2	492.3	359.5	1472.4	958.3	650.6	606.8
	LC30	3185.2	2590.3	1961.3	1193	865.7	3359.8	2600.7	1606.7	1558.3
	LC40	6806.7	5988.7	5516.2	2686.4	1999.2	7016.4	5491.1	4308.7	4149.3
LSE 法	LC20	1352.9	1005.7	790.2	485.7	353.4	1453.2	944.5	642.4	599.1
	LC30	3138.9	2553.2	1929.3	1171	847.6	3308.3	2565.4	1581.3	1531.3
	LC40	6712	5899	5385.6	2624.4	1946.9	6886.8	5379.7	4218.8	4057.4

参考文献

[1] 李海明. 聚焦民生 提高农村牧区水利保障能力 [J]. 内蒙古水利，2020（02）：5-7.

[2] De Rincón O T，Sánchez M，Millano V，et al. Effect of the marine environment on reinforced concrete durability in Iberoamerican countries：DURACON project/CYTED [J]. Corrosion Science，2007，49（7）：2832-2843.

[3] 王春青，彭梅香. 黄河凌汛成因分析及预测研究 [M]. 北京：气象出版社，2007.

[4] Janson J E. Long term resistance of concrete offshore structures in ice environment [C] //7th International Conference on Offshore Mechanics and Arctic Engineering. Houston，Texas. 1988：7-12.

[5] Huovinen S. Abrasion of Concrete by Ice in Arctic Sea Structures [D]. Materials Journal，VTT Publications 62（1990）110.

[6] Huovinen S. Abrasion of concrete structures by ice [J]. Cement and Concrete Research，1993，23（1）：69-82.

[7] 冯国华. 黄河内蒙古段冰凌特征分析及冰情信息模拟预报模型研究 [D]. 内蒙古：内蒙古农业大学，2009.

[8] 陈银太，张末，杨会颖，等. 2019—2020 年度黄河凌情及防御措施 [J]. 中国防汛抗旱，2020，30（05）：13-17.

[9] 徐学祖，王家澄，张立新. 冻土物理学 [M]. 北京：科学出版社，2001.

[10] Aldaeef A A，Rayhani M T. A Quick Approach for Estimating Load Transfer of Conventional and Helical Piles in Ice-Rich Frozen Soils [J]. Geotechnical and Geological Engineering，2021，39（4）：2927-2944.

[11] 王萧萧，刘畅，张菊，等. 冻土区混凝土孔隙结冰规律对抗压强度的影响 [J]. 工业建筑，2021，51（09）：1-7.

[12] 陈彪. 开发浮石资源振兴乌盟经济 [J]. 中国建材，1986（10）：38.

[13] Rajak D K，Deshpande P G，Kumaraswamidhas L A. Experimental analysis of energy absorption behaviour of Al-tube filled with pumice lightweight concrete under axial loading condition [C] // IOP Conference Series：Materials Science and Engineering. IOP Publishing，2017，225（1）：012-032.

[14] Tijsen J N W. Experimental study on the development of abrasion at offshore concrete structures in ice conditions [J]. Maritime & Transport Technology，2015（67）：545-552.

[15] 夏京亮，胡钊光，丁立金，等. 肯尼亚天然火山灰质材料用于混凝土的技术指标研究 [J]. 施工技术，2015，44（15）：56-58.

[16] Cavaleri L，Miraglia N. Pumice concrete for structural wall panels [J]. Engineering Structures，2003，25（1）：115-125.

[17] Hossain K M A，Ahmed S，Lachemi M. Lightweight concrete incorporating pumice based blended cement and aggregate：Mechanical and durability characteristics [J]. Construction and Building Materials，2010，25（3）：1186-1195.

[18] 吴必良，夏京亮，周永祥. 非洲天然火山灰质材料对混凝土耐久性能的影响研究 [J]. 建筑科

学，2019，35（05）：78-82.

[19] Tijsen J N W. Experimental study on the development of abrasion at offshore concrete structures in ice conditions [J]. Maritime Transport Technology，2015（67）：545-552.

[20] 夏京亮，胡钊光，丁立金，等. 肯尼亚天然火山灰质材料用于混凝土的技术指标研究 [J]. 施工技术，2015，44（15）：56-58.

[21] 王晓伟，张强，宋照军，等. 内马铁路火成岩机制砂混凝土配制及应用 [J]. 建材世界，2018，39（06）：13-16.

[22] Dahmani L，Khenane A，Kaci S. Behavior of the reinforced concrete at cryogenic temperatures [J]. Cryogenics，2007，47（9）：517-525.

[23] Jiang Z W，Deng Z L，Zhu X P，et al. Increased strength and related mechanisms for mortars at cryogenic temperatures [J]. Cryogenics，2018，94：5-13.

[24] 时旭东，马驰，张天申，等. 不同强度等级混凝土-190℃时受压强度性能试验研究 [J]. 工程力学，2017，34（03）：61-67.

[25] Montejo L A，Sloan J E，Kowalsky M J，et al. Cyclic response of reinforced concrete members at low temperatures [J]. Journal of Cold Regions Engineering，2008，22（3）：79-102.

[26] Browne R D，Bamforth P B. The use of concrete for cryogenic storage：A summary of research past and present [C]. 1st International Conference on Cryogenic Concrete. 1981，135-166.

[27] Jiang Z W，He B，Zhu X P，et al. State-of-the-art review on properties evolution and deterioration mechanism of concrete at cryogenic temperature [J]. Construction and Building Materials，2020，257.

[28] Okada T，Iguro M. Bending behavior of prestressed concrete beams under low temperatures [J]. Journal of Japan Prestressed Concrete Engineering Association，1978，208：15-17.

[29] Goto Y，Miura T. Experimental studies on properties of concrete cooled to about minus 160 C [J]. Technol. Rep，Tohoku Univ，1979，442：357-385.

[30] 时旭东，居易，郑建华，等. 混凝土低温受压强度试验研究 [J]. 建筑结构，2014，44（05）：29-33.

[31] Yan J B，Xie J. Behaviours of reinforced concrete beams under low temperatures [J]. Construction and Building Materials，2017，141：410-425.

[32] Wang X X，Liu C，Liu S G，et al. Compressive strength of pile foundation concrete in permafrost environment in China [J]. Construction and Building Materials，2020，247.

[33] Janson J E. Long term resistance of concrete offshore structures in ice environment [C] //7th International Conference on Offshore Mechanics and Arctic Engineering. Houston，Texas. 1988：7-12.

[34] Hara F，Saeki H，Sato M，et al. Prediction of the degree of abrasion of bridge piers by fresh water ice and the protective measures [C] //Proceedings of the International Conference on Concrete under Severe Conditions，CONSEC '95 Sapporo，Japan. 1995，1：485-494.

[35] Malhotra V M，Zhang M H，Sarkar S L. Manufacture of Concrete Panels，and Their Performance in the Arctic Marine Environment. Odd E [C] //Gjørv Symposium on Concrete for Marine Structures，an integral part of the Third CANMET/ACI International Conference on Performance of Concrete in Marine Environment，St. Andrews-By-The-Sea，New Brunswick，Canada. 1996：55-81.

[36] Héquette A，Desrosiers M，Barnes P W. Sea ice scouring on the inner shelf of the southeastern Canadian Beaufort Sea [J]. Marine Geology，1995，128（3）：201-219.

[37] Newhook J P，McGinn D J. Ice Abrasion Assessment-Piers of Confederation Bridge [J] . Proceedings of Confederation Bridge Engineering Summit，Charlottetown，Prince Edward Island，Canada，2007.

[38] Møen E. Ice abrasion estimate from field observation of Finnish lighthouse (in Norwegian)，resented at Norwegian Concrete Day，Trondheim，2011.

[39] Shamsutdinova G，Hendriks M A N，Jacobsen S. Concrete-ice abrasion：Wear，coefficient of friction and ice consumption [J] . Wear，2018，416：27-35.

[40] Shamsutdinova G，Hendriks M A N，Jacobsen S. Topography studies of concrete abraded with ice [J] . Wear，2019，430：1-11.

[41] Fiorio B. Wear characterisation and degradation mechanisms of a concrete surface under ice friction [J] . Construction and Building Materials，2005，19（5）：366-375.

[42] Itoh Y，Yoshida A，Tsuchiya M，et al. An experimental study on abrasion of concrete due to sea ice [C] //Offshore Technology Conference. Offshore Technology Conference，1988.

[43] Itoh Y，Tanaka Y，Saeki H. Estimation method for abrasion of concrete structures due to sea ice movement [C] //The Fourth International Offshore and Polar Engineering Conference. International Society of Offshore and Polar Engineers，1994.

[44] Møen E，Høiseth K V，Leira B，et al. Experimental study of concrete abrasion due to ice friction—Part I：set-up，ice abrasion vs. material properties and exposure conditions [J] . Cold Regions Science and Technology，2015，110：183-201.

[45] Møen E，Høiseth K V，Leira B，et al. Experimental study of concrete abrasion due to ice friction—Part II：Statistical representation of abrasion rates and simple，linear models for estimation [J] . Cold Regions Science and Technology，2015，110：202-214.

[46] 拾兵，潘光辉，于冬，等. 冰盖下水流纵向紊动特性的试验研究 [J]. 中国海洋大学学报（自然科学版），2015，45（05）：101-106.

[47] 秦绪祥. 淡水冰与多种材料间摩擦因数的试验研究 [D]. 辽宁：大连理工大学，2013.

[48] Jacobsen S，Scherer G W，Schulson E M. Concrete-ice abrasion mechanics [J] . Cement and Concrete Research，2015，73：79-95.

[49] Tijsen J，Bruneau S，Colbourne B. Laboratory examination of ice loads and effects on concrete surfaces from bi-axial collision and adhesion events [C] // Proceedings of the International Conference on Port and Ocean Engineering under Arctic Conditions. 2015.

[50] Janson J E. Report No. 3，Results from the winter season 1988-1989，Conclusion after the three winters 1986-1989 [J] . Joint Industry Study，Field Investigation of Ice Impact on Lightweight Aggregate Concrete，VBB，1989.

[51] Møen E，Jacobsen S，Myhra H. Ice Abrasion Data on Concrete Structures-An Overview [J] . SINTEF Report SBF BK A，2007，7036.

[52] Bideci A，Gültekin A H，Yıldırım H，et al. Internal structure examination of lightweight concrete produced with polymer-coated pumice aggregate [J] . Composites Part B：Engineering，2013，54：439-447.

[53] Scruggs B，Lee A，Jackson M D. Using the Orbis Micro-XRF Spectrometer to Study the Microstructure of Ancient Roman Seawater Concrete [J] . Spectroscopy，2014：6-7.

[54] Anwar Hossain K M，Ahmed S. Lightweight concrete incorporating volcanic ash-based blended cement and pumice aggregate [J] . Journal of Materials in Civil Engineering，2011，23（4）：493-498.

［55］Chung S Y，Han T S，Yun T S，et al. Evaluation of the anisotropy of the void distribution and the stiffness of lightweight aggregates using CT imaging［J］. Construction and Building Materials，2013，48：998-1008.

［56］John S L，Denis T K，Surendra P S. Measuring three-dimensional damage in concrete under compression［J］. ACI Materials Journal，2001，98（6）：465-475.

［57］陈厚群，丁卫华，党发宁，等. 混凝土 CT 图像中等效裂纹区域的定量分析［J］. 中国水利水电科学研究院学报，2006（01）：1-7.

［58］蔡昊. 混凝土抗冻耐久性预测模型［D］. 北京：清华大学，1998.

［59］Powers T C. A Working Hypothesis for Further Studies of Frost Resistance of Concrete［J］. Journal of ACI，1945，16（4）：245-272.

［60］Powers T C，Helmuth R A. Theory of volume changes in hardened portland-cement paste during freezing［C］//Highway research board proceedings. 1953，32：285-297.

［61］Powers T C. Freezing Effect in Concrete In：Scholer C F，eds. Durability of Concrete Detroit［J］. American Concrete Institute，1975，1-11.

［62］廉慧珍. 建筑材料物相研究基础［M］. 北京：清华大学出版社，1996：105-125.

［63］吴中伟，廉慧珍. 高性能混凝土［M］. 北京：中国铁道出版社，1999：36-43.

［64］Li J，Zhou K，Zhang Y，et al. Experimental study of rock porous structure damage characteristics under condition of freezing-thawing cycles based on nuclear magnetic resonance technique［J］. Chinese Journal of Rock Mechanics and Engineering，2012，31（6）：1208-1214.

［65］刘卫，邢立. 核磁共振录井［M］. 北京：石油工业出版社，2011.

［66］李亚丁，杨成，冯顺，等. 利用核磁共振研究页岩孔径分布的方法［J］. 地质论评，2017，63（S1）：119-120.

［67］李海波，朱巨义，郭和坤. 核磁共振 T_2 谱换算孔隙半径分布方法研究［J］. 波谱学杂志，2008（02）：273-280.

［68］Pandey S P，Sharma R L. The influence of mineral additive on strength and porosity of OPC mortar［J］. Cement and Concrete Research，2000，30（1）：19-23.

［69］Kearsley E P，Wainwright P J. The effect of porosity on the strength of foamed concrete［J］. Cement and Concrete Research，2002，32（2）：233-239.

［70］张朝阳，蔡熠，孔祥明，等. 纳米 C-S-H 对水泥水化、硬化浆体孔结构及混凝土强度的影响［J］. 硅酸盐学报，2019，47（05）：585-593.

［71］Guo Y，Wu S，Lyu Z，et al. Pore structure characteristics and performance of construction waste composite powder-modified concrete［J］. Construction and Building Materials，2021，269：121-262.

［72］Li L，Zhang H，Guo X，et al. Pore structure evolution and strength development of hardened cement paste with super low water-to-cement ratios［J］. Construction and Building Materials，2019，227：117-108.

［73］Hou D. Statistical modelling of compressive strength controlled by porosity and pore size distribution for cementitious materials［J］. Cement and Concrete Composites，2018，96.

［74］Griffith A A. VI. The phenomena of rupture and flow in solids［J］. Philosophical transactions of the royal society of london. Series A，containing papers of a mathematical or physical character，1921，221：163-198.

［75］Chao L Y，Shetty D K. Extreme-value statistics analysis of fracture strengths of a sintered silicon nitride failing from pores［J］. Journal of the American Ceramic Society，1992，75（8）：

2116-2124.

[76] Green D J. Stress intensity factor estimates for annular cracks at spherical voids [J]. Journal of the American Ceramic Society, 1980, 63 (5-6): 342-344.

[77] Jayatilaka A S, Trustrum K. Application of a statistical method to brittle fracture in biaxial loading systems [J]. Journal of Materials Science, 1977, 12 (10): 2043-2048.

[78] Zdeněk P B, Drahomír N. Probabilistic Nonlocal Theory for Quasibrittle Fracture Initiation and Size Effect & emsp; II: Application [J]. Journal of Engineering Mechanics, 2000, 126 (2): 175-185.

[79] Xie H P, Gao F. The mechanics of cracks and a statistical strength theory for rocks [J]. International Journal of Rock Mechanics and Mining Sciences, 2000, 37 (3): 477-488.

[80] Yu. N. Podrezov, N. I. Lugovoi, V. N. Slyunyaev. Influence of random pore-type mesodefects on the strength of brittle materials [J]. Powder Metallurgy and Metal Ceramics, 1999, 38 (3-4): 198-201.

[81] Powers T C, Willis T F. The air requirement of frost resistant concrete [C] //Highway Research Board Proceedings. 1950, 29: 184-202.

[82] Wang X, Wu Y, Shen X, et al. An experimental study of a freeze-thaw damage model of natural pumice concrete [J]. Powder technology, 2018, 339: 651-658.

[83] 段安. 受冻融混凝土本构关系研究和冻融过程数值模拟 [D]. 北京: 清华大学, 2009.

[84] Aas-Jakobsen K. Fatigue of concrete beams and columns, Division of Concrete Structure [J]. Norwegian Institute of Technology, 1970.

[85] 王萧萧, 刘畅, 尹立强, 等. 天然浮石混凝土冻融损伤及寿命预测模型 [J]. 硅酸盐通报, 2021, 40 (01): 98-105.

[86] 李金玉, 彭小平, 邓正刚, 等. 混凝土抗冻性的定量化设计 [J]. 混凝土, 2000 (12): 61-65.

[87] Qiu S, Yang M, Xu P, et al. A New Fractal Model for Porous Media Based on Low-Field Nuclear Magnetic Resonance [J]. Journal of Hydrology, 2020, 586: 124890.

[88] Wang Y, Yang W, Ge Y, et al. Analysis of freeze-thaw damage and pore structure deterioration of mortar by low-field NMR [J]. Construction and Building Materials, 2022, 319: 126097.

[89] Li T, Liu M, Li R, et al. FBG-based online monitoring for uncertain loading-induced deformation of heavy-duty gantry machine tool base [J]. Mechanical Systems and Signal Processing, 2020, 144: 106864.

[90] Li B, Mao J, Nawa T, et al. Mesoscopic damage model of concrete subjected to freeze-thaw cycles using mercury intrusion porosimetry and differential scanning calorimetry (MIP-DSC) [J]. Construction and Building Materials, 2017, 147: 79-90.

[91] Sun M, Zou C, Xin D. Pore structure evolution mechanism of cement mortar containing diatomite subjected to freeze-thaw cycles by multifractal analysis [J]. Cement and Concrete Composites, 2020, 114: 103731.

[92] Bai J, Zhao Y, Shi J, et al. Damage degradation model of aeolian sand concrete under freeze - thaw cycles based on macro-microscopic perspective [J]. Construction and Building Materials, 2022, 327: 126885.

[93] Shen Y, Wang Y, Wei X, et al. Investigation on meso-debonding process of the sandstone - concrete interface induced by freeze - thaw cycles using NMR technology [J]. Construction and Building Materials, 2020, 252: 118962.

[94] 郭威, 姚艳斌, 刘大锰, 等. 基于核磁冻融技术的煤的孔隙测试研究 [J]. 石油与天然气地质,

2016，37（01）：141-148.

［95］Cai X P，Yang W C，Yuan J，et al. Effect of Low Temperature on Mechanical Properties of Concrete with Different Strength Grade［J］. Key Engineering Materials，2011，477：308-312.

［96］Zhao J，Yan C，Liu S，et al. Effect of solid waste ceramic on uniaxial tensile properties and thin plate bending properties of polyvinyl alcohol engineered cementitious composite［J］. Journal of Cleaner Production，2020，268：122-329.

［97］王引生，李永强. 青藏高原多年冻土区桩基回冻时间的监测［J］. 甘肃科技，2003（05）：66-67＋26.

［98］Tunc E T，Alyamac K E. Determination of the relationship between the Los Angeles abrasion values of aggregates and concrete strength using the Response Surface Methodology［J］. Construction and Building Materials，2020，260：119850.

［99］刘泉声，黄诗冰，康永水，等. 低温饱和岩石未冻水含量与冻胀变形模型研究［J］. 岩石力学与工程学报，2016，35（10）：2000-2012.

［100］黄诗冰. 低温裂隙岩体冻融损伤机理及多场耦合过程研究［D］. 北京：中国科学院大学，2016.

［101］陶文铨. 传热学［M］. 西安：西北工业大学出版社，2006.

［102］Lu N，Likos W J. Unsaturated soil mechanics［M］. 北京：高等教育出版社，2012，269-287.

［103］Taylor G S，Luthin J N.（1978）A model for coupled heat and moisture transfer during soil freezing［J］. Canadian Geotechnical Journal，15：548-555.

［104］徐学祖，王家澄，张立新. 冻土物理学［M］. 北京：科学出版社，2001，75-98.

［105］白青波，李旭，田亚护，等. 冻土水热耦合方程及数值模拟研究［J］. 岩土工程学报，2015，37（S2）：131-136.

［106］Chatterji S. Aspects of the freezing process in a porous material-water system：Part 1. Freezing and the properties of water and ice［J］. Cement and Concrete Research，1999，29（4）：627-630.

［107］Xiao G，Ditao N，Jiabin W，et al. Study of the freezing-thawing damage constitutive model of concrete based on Weibull's strength theory［J］. Concrete，2015，584-586（11）：1322-1327.

［108］Yang D，Yan C，Liu S，et al. Splitting Tensile Strength of Concrete Corroded by Saline Soil［J］. ACI Materials Journal，2020，117（1）：15-24.

［109］Kate J M，Gokhale C S. A simple method to estimate complete pore size distribution of rocks［J］. Engineering geology，2006，84（1-2）：48-69.

［110］Ju Y，Yang Y M，Song Z D，et al. A statistical model for porous structure of rocks［J］. Science in China Series E：Technological Sciences，2008，51（11）：2040-2058.

［111］Liu L，Ye G，Schlangen E，et al. Modeling of the internal damage of saturated cement paste due to ice crystallization pressure during freezing［J］. Cement and Concrete Composites，2011，33（5）：562-571.

［112］何真，胡曙光，梁文泉，等. 水工混凝土磨蚀磨损的研究［J］. 硅酸盐学报，2000（S1）：78-80.

［113］Zhang Y M，Napier T J. Effects of particle size distributions surface area and chemical composition on Portland cement strength［J］. Powder Technology 1995（83）：245-52.

［114］申和庆，刘虎，张广勇，等. 浮石在轻质高强混凝土中的研究与应用［J］. 建筑技术，2019，50（08）：964-966.

［115］唐洁. 高强轻质混凝土力学性能试验研究及黏结锚固性能分析［D］. 西安：长安大学，2013.

［116］Mandikos M N，McGivney G P，Davis E，et al. A comparison of the wear resistance and hardness of indirect composite [J]. Journal of Prosthetic Dentistry, 2001, 85 (4): 386-395.

[117] 杜玉兰. 浅析材料硬度与耐磨料磨损性的关系 [J]. 现代机械, 1998 (02): 50-51.

[118] 柯国炬. 路面机制砂水泥混凝土耐磨性影响因素研究 [D]. 武汉: 武汉理工大学, 2010.

[119] 陈瑜, 张大千. 水泥混凝土路面磨损机理及其耐磨性 [J]. 混凝土与水泥制品, 2004 (02): 16-19.

[120] Møen E, Høiseth K V, Leira B, et al. Experimental study of concrete abrasion due to ice friction—Part I: set-up, ice abrasion vs. material properties and exposure conditions [J]. Cold Regions Science and Technology, 2015, 110: 183-201.

[121] 申诗文, 姚爽, 郭宏, 等. 内河流冰抗压强度标准值取值研究 [J]. 低温建筑技术, 2015, 37 (09): 20-22.

[122] 于天来, 袁正国, 黄美兰. 河冰力学性能试验研究 [J]. 辽宁工程技术大学学报 (自然科学版), 2009, 28 (06): 937-940.

[123] Bluhm H, Inoue T, Salmeron M. Friction of ice measured using lateral force microscopy [J]. Physcial Review B. 2000, 129 (11): 7760-7765.

[124] Itoh Y, Tanaka Y, Saeki H. Estimation method for abrasion of concrete structures due to sea ice movement [C]. Offshore and Polar Engineering Conference, 1994, 545-552.

[125] Lancaster J K. A review of the influence of environmental humidity and water on friction, lubrication and wear [J]. 1990, 23 (6): 371-389.

[126] Johnson K L. Contact Mechanics [M]. London: Cambridge University Press, 1987: 452.

[127] 王萧萧, 冯蓉蓉, 荆磊, 等. 冰凌作用下天然浮石混凝土磨损规律研究 [J]. 硅酸盐通报, 2022, 41 (09): 3100-3106

[128] 王新, 骆少泽, 袁强. 碾压混凝土坝施工期高速水流冲蚀试验研究 [J]. 水力发电学报, 2012, 31 (04): 108-112.

[129] 陈家珑, 方源兴. 我国混凝土骨料的现状与问题 [J]. 建筑技术, 2005 (01): 23-25.

[130] 居春常. 混凝土冲蚀磨损及防护材料试验研究 [D]. 兰州: 兰州交通大学, 2014.

[131] 戎志丹, 孙伟, 陈惠苏, 等. 超高性能水泥基材料的力学行为及机理分析 [J]. 深圳大学学报 (理工版), 2010, 27 (01): 88-94.

[132] 尹延国, 焦明华, 俞建卫, 等. 水工混凝土材料与磨损 [J]. 润滑与密封, 2006 (07): 123-125.

[133] 刘卫东, 林瑜, 钟海荣, 等. 抗冲刷磨蚀混凝土的耐磨损试验研究 [J]. 工程力学, 2011, 28 (S2): 157-160+165.

[134] 王超, 胡亚辉, 谭雁清, 等. 基于 Archard 磨损理论的滑动导轨磨损率预测模型研究 [J]. 润滑与密封, 2014, 39 (8): 73-76.

[135] 吴琼. 液压作动器的密封磨粒磨损及寿命预测若干问题研究 [D]. 哈尔滨: 哈尔滨工业大学, 2013.

[136] 王晓宇, 李琪凡, 黄森. 海事执法船艇螺旋桨材料的摩擦磨损试验研究 [A] //. 中国力学学会固体力学专业委员会、国家自然科学基金委员会数理科学部. 2018 年全国固体力学学术会议摘要集 (上) [C]. 中国力学学会固体力学专业委员会、国家自然科学基金委员会数理科学部: 中国力学学会, 2018: 1.

[137] 刘峰璧, 李续娥, 谢友柏. 三体磨损过程理论研究 [J]. 机械科学与技术, 2019 (1): 9-12.

[138] 赵昀, 叶海旺, 雷涛, 等. 基于冲蚀磨损理论的溜井井壁破损特性理论研究 [J]. 岩石力学与工程学报, 2017 (A02): 4002-4007.

[139] 温诗铸. 我国摩擦学研究的现状与发展 [J]. 机械工程学报, 2004 (11): 1-6.

［140］朴钟宇，徐滨士，王海斗，等．滚动接触条件下铁基涂层的疲劳磨损寿命实验研究［J］．材料工程，2010，(06)：54-57＋62.

［141］徐元军．滑动磨损-疲劳复合作用下寿命预测模型［D］．沈阳：东北大学，2014.

［142］Binici H，Aksogan O，Kaplan H. A study on cement mortars incorporating plain Portland cement (PPC)，ground granulated blast-furnace slag (GGBFS) and basaltic pumice［J］．Indian journal of engineering & materials sciences，2005，12 (3)：214-220.

［143］温诗铸．材料磨损研究的进展与思考［J］．摩擦学学报，2008，28 (01)：3-7.

［144］Wang X X，Feng R R，Li J，et al. Wear characteristics and degradation mechanism of natural pumice concrete under ice friction during ice flood season［J］．Construction and Building Materials，2022 (341) 127742.

［145］Janson J E. Long term resistance of concrete offshore structures in ice environment［C］．International Conference on Offshore Mechanics and Arctic Engineering. Houston，Texas. 1988：7-12.

［146］Yastrebov V A，Durand J，Proudhon H，et al. Rough surface contact analysis by means of the finite element method and of a new reduced model［J］．Comptes Rendus Mécanique，2011，339 (7-8)：473-490.

［147］Bowden F P，Hughes T P. The mechanism of sliding on ice and snow［J］．Proceedings of the Royal Society of London. Series A. Mathematical and Physical Sciences，1939，172 (949)：280-298.

［148］Archard J F. Elastic deformation and the contact of surfaces［J］．Nature，1953，172 (4385)：918-919.

［149］Basu B，Kalin M. Tribology of Ceramics and Composites：a Materials Science Perspective［M］．New York：Wiley & Sons，2011：522.

［150］路承功，魏智强，乔宏霞，等．基于 Weibull 分布的钢筋混凝土通电加速可靠性评估［J］．建筑材料学报，2021，24 (02)：304-312.

［151］Tiryakioğlu M，Hudak D，Ökten G. On evaluating Weibull fits to mechanical testing data［J］．Materials Science and Engineering：A，2009，527 (1-2)：397-399.

［152］中国电子技术标准化研究所．可靠性试验用表［M］．北京：国防工业出版社，1987.

［153］Guo X，Qiao H，Zhu B，et al. Accelerated life testing of concrete based on three-parameter Weibull stochastic approach［J］．KSCE Journal of Civil Engineering，2019，23 (4)：1682-1690.